Monika Schwab

Labrador Retriever

Monika Schwab

Labrador Retriever

Der Apportierer aus Leidenschaft
als idealer Begleithund

Oertel+Spörer

Bildnachweis

Anja Müller: S. 76, 143
Monika Schwab: S. 41, 46
Titelbild und alle anderen Innenteilbilder: Dr. Gabriele Lehari

Bibliografische Information der Deutschen Nationalbibliothek

Die Deutsche Nationalbibliothek verzeichnet diese Publikation in der Deutschen Nationalbibliografie; detaillierte bibliografische Daten sind im Internet über http://dnb.d-nb.de abrufbar.

© Oertel+Spörer Verlags-GmbH+Co.KG · 2010
Postfach 16 42, 72706 Reutlingen
Schrift: 9/11 p Stone Sans
Lektorat: Dr. Gabriele Lehari
Umschlaggestaltung: Uhl+Massopust, Aalen
DTP und Repro: raff digital gmbh, Riederich
Druck und Bindung: Oertel+Spörer Druck und Medien-GmbH+Co., Riederich
Printed in Germany
ISBN 978-3-88627-827-5

Inhalt

5

Vorwort

Seit meinem dritten Lebensjahr begleiten Hunde verschiedenster Rassen mein Leben. Nur eine ganz kurze Zeit musste ich ohne Hund verbringen. In den 1980er-Jahren lernte ich dann durch einen Arbeitskollegen meines Mannes den Labrador Retriever kennen. Ich war vom Wesen und Aussehen dieser Hunde – es waren damals zwei schwarze Hündinnen – sofort begeistert. Die Menschenfreundlichkeit, das ausgeglichene Temperament und nicht zuletzt die große Arbeitsfreude dieser beiden Hündinnen waren für mich sehr beeindruckend.

Mir war klar: Der nächste Hund wird ein Labrador Retriever werden. Und die Begeisterung für diese Hunderasse hat sich bis heute nicht geändert, im Gegenteil – heutzutage könnte ich mir ein Leben ohne diese fantastischen Hunde gar nicht mehr vorstellen.

Aber bis zum eigenen Labrador Retriever dauerte es damals noch einige Jahre, da unsere Mischlingshündin noch sehr jung war und neben der Erziehung von drei kleinen Kindern ein weiterer Hund nicht infrage kam.

Aber die Zeit verging. Die Kinder wurden größer und unsere Mischlingshündin, die übrigens ein toller Familienhund war, verstarb mit fast 13 Jahren.

Im April 2002 durfte ich dann unsere erste Labradorhündin bei einer LCD-Züchterin abholen. Ich wurde Mitglied im Labrador Club Deutschland und etwas später auch im Deutschen Retriever Club. Seit 2004 züchte ich selbst diese Hunderasse im Rahmen des Labrador Club Deutschland.

Meine gelbe Hündin „Ayla Mondschein vom Aichtal" wurde die Stammhündin meines kleinen Zwingers. Zu ihr gesellten sich bisher noch drei weitere Hündinnen aus der eigenen Zucht. Zurzeit leben somit vier Hündinnen aus drei Generationen mit mir und meiner Familie zusammen.

Im Laufe der Zeit wurde ich immer wieder darauf angesprochen, doch einmal ein Buch über diese wunderbare Rasse zu schreiben und auch meine eigenen Erfahrungen, die ich im täglichen Zusammenleben mit meinen Hunden bisher sammeln durfte und noch immer darf, mit einfließen zu lassen.

Dieses Buch soll Menschen ansprechen, die sich gerne einen Labrador Retriever in ihr Leben holen möchten. Es soll über die Geschichte, die Charaktereigenschaften, die Bedürfnisse und Ansprüche unserer Labis informieren, um Sie in Ihrem Entschluss, sich einen Labrador Retriever als Familienmitglied anzuschaffen, zu bestärken. Vorausgesetzt Sie haben die nötige Zeit und Toleranz, um so einem Energiebündel im täglichen Leben gerecht zu werden.

Wenn dies aber nicht der Fall sein sollte, dann soll dieses Buch Sie davon abhalten, eine falsche Entscheidung zu treffen. Denn die Anschaffung

Die Autorin mit ihrem „Labi-Rudel".

eines Labrador Retrievers sollte immer eine Anschaffung für das ganze Hundeleben lang sein. Diese gemeinsame Lebens- und Erlebenszeit sollte sowohl für den Labi als auch für seine Menschen ein unvergesslicher und im Wesentlichen wunderschöner Lebensabschnitt sein.

Herkunft des Labrador Retrievers

Das offizielle Ursprungsland des Labrador Retrievers ist Großbritannien; so ist es im Standard vermerkt. Aber eigentlich ist dies etwas verwirrend, weil die Vorfahren aller Retriever, und somit natürlich auch des Labrador Retrievers, aus Kanada stammen. Der Labi, wie er häufig liebevoll genannt wird (auch in diesem Buch wird er immer wieder so bezeichnet), hat somit eine interessante Vorgeschichte, die sein Wesen, sein Aussehen und seine Fähigkeiten erheblich geprägt hat und die ich Ihnen hier deshalb nicht vorenthalten möchte.

Die Hunde von Avalon

Der Labrador Retriever ist zurzeit die häufigste und beliebteste der insgesamt sechs Retrieverrassen. Der Ursprung dieser Rasse ist im entfernten Kanada zu finden. Vor mehr als 500 Jahren segelten Fischer aus dem südenglischen Devon nach Neufundland, um vor der Halbinsel Avalon bei St. John´s auf Fischfang zu gehen. Für die Aufgabe, Schiffstaue und Fische aus dem eiskalten Wasser zu apportieren, hatten diese Fischer schwimmbegeisterte Hunde aus ihrer Heimat mitgebracht, die dort voll zum Einsatz kamen und zuverlässig ihre Arbeit verrichteten.

Als die Fischer an der Küste Neufundlands schließlich ansässig wurden, betrieben sie auch die Jagd auf Federwild. Hierfür brauchten sie dann Hunde, die nicht nur apportieren, sondern auch stöbern und die Beute aufspüren konnten. Leider fanden sie in ihrem neuen Heimatland keine passenden Hunde. Daher setzten sie ihre eigenen vierbeinigen Begleiter zur gezielten Zucht ein und erschufen so den St. John´s Hund, den Urvater von fünf der sechs Retrieverrassen.

> **!**
>
> Außer dem Labrador Retriever gibt es noch fünf andere Retriever-Rassen, die offiziell anerkannt sind.
> - Der **Golden Retriever** (FCI-Nr. 111) ist mit seinem seidigen Fell von Goldfarben bis fast Weiß ein beliebter Familienhund geworden, wurde aber ursprünglich wie der Labi für die Jagd nach dem Schuss gezüchtet.
> - Der **Flat Coated Retriever** (FCI-Nr. 121) mit seinem leichteren Körperbau ist der temperamentvollste, aber auch sensibelste Retriever. Es gibt ihn in den Farben Schwarz und Leberbraun.
> - Der **Curly Coated Retriever** (FCI-Nr. 110) ist dank seines krausen Haarkleides (Name!) ideal für die Wasserarbeit geeignet. Diese relativ seltene Retriever-Rasse gibt es in den Farben Schwarz und Leberbraun.

> ❗ ■ Der **Chesapeake Bay Retriever** (FCI-Nr. 263) wurde wegen seines ausgeprägten Wach- und Schutztriebes nicht nur für die Jagd, sondern auch als Wachhund verwendet. Ihn gibt es in verschiedenen Farbvarianten von Dunkelbraun bis Schilffarben.
>
> ■ Der **Nova Scotia Duck Tolling Retriever** (FCI-Nr. 312) ist der kleinste Retriever. Er ist sehr flink und verspielt und wurde daher für eine spezielle Form der Entenjagd eingesetzt. Dieser Retriever mit dem rötlichen Fell ist auch sehr wachsam und besitzt eine gewisse Portion Hütetrieb.

Der St. John's Hund erfüllte alle gewünschten Voraussetzungen. Typisch war ein ausgeglichenes und äußerst freundliches Wesen, das bis heute vor allem beim Labrador und Golden Retriever erhalten geblieben ist. Die hervorragende Nasenleistung war notwendig für die Suche von erlegtem Wild. Und natürlich mussten diese Hunde ausgezeichnete Schwimmer mit einer guten Kondition sein. Das kurze, wasserabstoßende Fell mit der dichten Unterwolle schützte sie vor den Unbilden des Wetters.

Dieses Merkmal ist beim Labrador Retriever besonders gut erhalten geblieben. Daher kann auch Kälte seiner Wasserbegeisterung nichts anhaben. Die St. John's Hunde sollten auch nicht zu groß sein, damit die Fischer sie problem-

Ursprünglich wurde der Labrador Retriever vor allem zum Apportieren von Wild eingesetzt.

los in ihren kleinen Booten mitnehmen konnten. Somit zählt auch der Labrador Retriever heute eher zu den mittelgroßen Hunden, was natürlich mit dazu beigetragen hat, dass er ein idealer Begleiter und dadurch auch ein beliebter Familienhund geworden ist.

Erst Mitte des 19. Jahrhunderts gelangten die St. John's Hunde auf die britischen Inseln. Hier begann schließlich dann die Zucht der verschiedenen Retriever-Rassen.

Alle heute lebenden „Labis" gehen auf drei Zuchtlinien von englischen bzw. schottischen Adelsfamilien zurück, ohne Einkreuzung anderer Hunderassen. Früher war die Namensgebung dieser Hunde noch etwas verwirrend. Sie wurden genannt „Englische Retriever", „Kleine St. **13**

John's Hunde" und sogar „Kleine Neufundländer", da ihre Vorfahren aus Neufundland stammten. Erst Anfang des 20. Jahrhunderts wurde der Name „Labrador Retriever" offiziell eingeführt und es wurde ein Standard definiert.

Bis Ende des 19. Jahrhunderts waren die meisten Labrador Retriever schwarz. Erst danach wurden auch die gelbe und schokoladenbraune Fellfarbe immer populärer und setzten sich langsam durch. Bis heute sind die jagdlich geführten Labis vorwiegend schwarz, wogegen sich die anderen Farben bei den Familienhunden häufiger durchgesetzt haben.

Die ursprüngliche Verwendung

Der Labrador Retriever wurde wegen seiner großen Wasserfreudigkeit, des ausgeprägten Apportiertriebs und der Weichmäuligkeit für die Jagd auf Wasservögel, später auch anderes Federwild sowie Haarwild eingesetzt. Seine Vorfahren in ihrer ursprünglichen Heimat wurden noch vorwiegend von den Fischern mit aufs Meer genommen, vor allem zum Heranbringen toter Fische oder Netze, die abgetrieben wurden, aber natürlich auch zum Apportieren von erlegten Wasservögeln und anderen Wildtieren.

Später in Großbritannien, als sich dann schon der Labrador Retriever als eigenständige Rasse langsam herausbildete, wurde er zu einem beliebten und zuverlässigen Begleiter für die Jäger. Früher schon war er – wie heute auch noch – mit dem Apportieren ganz in seinem Element. Somit wurde er natürlich vorwiegend für die Arbeit nach dem Schuss verwendet, zu Lande und im Wasser. Aber auch für das Stöbern und das Aufspüren von Wild wurden die Labrador Retriever eingesetzt.

Aufgrund seines offensichtlich sehr guten Gedächtnisses konnte sich ein Labi über längere Zeit merken, wo mehrere erlegte Tiere gefallen waren. So wurde keine Zeit vergeudet, wenn das Wild apportiert werden sollte, da der Hund nicht nutzlos ein Gelände absuchen musste. Dies war besonders bei kalter Witterung sowohl für Mensch als auch für Hund von Vorteil.

Ebenso eine wichtige Eigenschaft des Labis war damals schon die sogenannte Weichmäuligkeit. Dies bedeutete, dass der Hund die Beute vorsichtig aufnahm und, ohne darauf herumzubeißen, sie unversehrt brachte, sodass das Wild für die weitere Verwendung in der Küche geeignet war.

Aufgrund ihres ausgeglichenen, freundlichen Wesens und ihrer Ruhe und Geduld (siehe „Steadiness" siehe S. 33) waren die Hunde auch bei den Wildhütern beliebt, die sie als Helfer für ihre tägliche Arbeit gern einsetzten. Denn der Labi konnte mit seiner guten Nase auch Personen, in diesem Fall Wilderer, aufspüren, fügte ihnen aber aufgrund seiner extremen Menschenfreundlichkeit keinen Schaden zu. Auf diese Weise konnten die Wildhüter so manchen Wilderer dingfest machen und hatten gleichzeitig einen angenehmen und treuen Begleiter.

Typische Rassemerkmale

Der Labrador Retriever gehört mittlerweile zu den Hunderassen, die äußerst populär geworden sind und auch von Nicht-Hundefans meistens richtig erkannt werden. Das liegt natürlich mit an seinem typischen äußeren Erscheinungsbild kombiniert mit der klaren Einfarbigkeit in Schwarz, Gelb oder Braun, die eine Verwechslung mit anderen Rassen, die vielleicht einen ähnlichen Körperbau haben, ausschließen.

Der breite Schädel mit dem gut ausgeprägten Stopp und den nicht zu langen Ohren verleiht dem Labi den charakteristischen Gesichtsausdruck. Da der Kopf bei Hündinnen etwas schmaler ausfällt und auch der gesamte Körper beim Rüden in der Regel noch kräftiger und massiger ist als bei weiblichen Tieren, sind die Geschlechter schon vom Äußeren her schnell zu unterscheiden. Allerdings erkennt man häufig an der Kopfform und dem Körperbau auch den Unterschied zwischen den Arbeits- und den Schönheitslinien, wie später noch beschrieben wird.

Der fassförmige Brustkorb soll aber in jedem Fall gut ausgeprägt sein ebenso wie die kräftige, dicht behaarte, aber nicht befederte „Otterrute", die ein echtes Markenzeichen für den Labrador Retriever ist.

Ein Rüde ist aufgrund des Körperbaus immer kräftiger als eine Hündin.

Schwarz ist die ursprüngliche Farbe des Labrador Retrievers.

Das dichte, kurze Fell mit der wetterbeständigen Unterwolle schützt die Hunde vor allen Wetterunbilden, vor allem aber vor Kälte und Nässe. Früher gab es gelegentlich noch Labrador Retriever mit relativ welligem Fell. Dies ist aber nicht erwünscht und tritt auch heutzutage nur noch relativ selten auf.

Der muskulöse Körperbau, besonders bei den Rüden, lässt ihn ein stattliches Gewicht auf die Waage bringen. Ein gut gebauter, muskulöser **15**

Rüde kann durchaus 40 Kilogramm wiegen, ohne fett zu sein. Hündinnen sind dagegen etwas leichter, sie liegen meist bei etwa 32 Kilogramm. Das sollte einem bei der Anschaffung eines Labrador Retrievers bewusst sein, denn auch ein Labi wirft sich bestimmt einmal in die Leine und dann muss man ihn unbedingt noch halten können.

Die typischen und gewünschten Merkmale der Rasse Labrador Retriever sind alle in dem Rassestandard zusammengefasst.

Der FCI-Standard

> **!**
>
> **FCI-Standard Nr. 122 / 29. 01. 1999 / D**
> **Gruppe 8**: Apportierhunde, Stöberhunde, Wasserhunde.
> **Sektion 1**: Apportierhunde. Mit Arbeitsprüfung.
> **Ursprung**: Großbritannien
> **Verwendung**: Apportierhund
> **Allgemeines Erscheinungsbild**: Kräftig gebaut, kurz in der Lendenpartie, sehr rege; breiter Oberkopf; Brust und Rippenkorb tief und gut gewölbt; breit und stark in Lende und Hinterhand.
> **Charakter und Wesen**: Ausgeglichen, sehr aufgeweckt. Vorzügliche Nase, weiches Maul; begeisternde Wasserfreudigkeit. Anpassungsfähiger, hingebungsvoller Begleiter. Intelligent, eifrig und willig, mit großem Bedürfnis, seinem Besitzer Freude zu bereiten. Von freundlichem Naturell, mit keinerlei Anzeichen von Aggressivität oder deutlicher Scheue.
> **Kopf**: Schädel breit, gut modelliert ohne fleischige Backen. Stopp deutlich ausgeprägt. Nasenschwamm breit, gut ausgebildete Nasenlöcher. Fang kraftvoll, nicht spitz.
> **Kiefer und Zähne**: Kiefer von mittlerer Länge; Kiefer und Zähne kräftig mit einem perfekten, regelmäßigen und vollständigen Scherengebiss, wobei die obere Schneidezahnreihe ohne Zwischenraum über die untere greift und die Zähne senkrecht im Kiefer stehen.
> **Augen**: Mittelgroß, dabei Intelligenz und gutes Wesen zeigend, braun oder haselnussfarben.
> **Ohren**: Nicht groß oder schwer, dicht am Kopf anliegend, hoch und ziemlich weit hinten angesetzt.
> **Hals**: Trocken, stark, kraftvoll, in gut gelagerte Schultern übergehend.
> **Rücken**: Obere Linie gerade.
> **Lendenpartie**: Breit, kurz und kräftig.
> **Brust**: Von guter Breite und Tiefe, stark gewölbter, fassförmiger Rippenkorb.
> **Rute**: Kennzeichnendes Merkmal, sehr dick am Ansatz, sich allmählich zur Rutenspitze verjüngend, mittellang; ohne Befederung, jedoch

! rundherum stark mit kurzem, dickem und dichtem Fell bedeckt, damit in der Erscheinung rund. Dies wird als „Otterschwanz" bezeichnet. Kann fröhlich, sollte jedoch nicht gebogen über dem Rücken getragen werden.
Gliedmaßen: Vorderläufe mit kräftigen Knochen und vom Ellenbogen zum Boden gerade, sowohl von vorn als auch von der Seite betrachtet. Schulterblätter lang, schrägliegend. Hinterhand gut ausgebildet, zur Rute hin nicht abfallend. Kniegelenke gut gewinkelt. Sprunggelenke tiefstehend. Kuhhessigkeit im höchsten Maße unerwünscht.
Pfoten: Rund, kompakt; gut aufgeknöchelt und mit gut ausgebildeten Ballen.
Gangwerk: Frei, raumgreifend, dabei in Vor- und Hinterhand gerade und parallel.
Haarkleid: Kennzeichnendes Merkmal, kurz, dicht, nicht wellig, ohne Befederung, fühlt sich ziemlich hart an; wetterbeständige Unterwolle.
Farbe: Einfarbig schwarz, gelb oder leber- bzw. schokoladenbraun. Gelb reicht von Hellcreme bis Fuchsrot. Ein kleiner weißer Brustfleck ist statthaft.
Ideale Widerristhöhe: Rüden 56 bis 57 cm, Hündinnen 54 bis 56 cm.
Fehler: Jede Abweichung von den vorgenannten Punkten muss als Fehler angesehen werden, dessen Bewertung in genauem Verhältnis zum Grad der Abweichung stehen sollte.
Rüden müssen zwei offensichtlich normal entwickelte Hoden aufweisen, die sich vollständig im Hodensack befinden.

Die ersten Labrador Retriever kamen etwa um das Jahr 1830 nach England. Aber erst im Jahr 1903 wurden sie vom „Englischen Kennel Club" als eigenständige Rasse anerkannt. Nachdem der Labi als Jagd- und Ausstellungshund immer beliebter wurde, sah man die Notwendigkeit, einen Rassestandard zu erstellen. Der erste Standard wurde ebenfalls vom „Englischen Kennel Club" im Jahre 1916 verfasst.

Später wurden einige Änderungen vorgenommen, andere Bestandteile des Standards sind dagegen bis heute unverändert geblieben. Die Publikation des gültigen Original-Standards erfolgte am 24. Juni 1987.

Nach diesem Standard wird der Labrador Retriever auch heute noch gezüchtet. Sowohl die Hunde der sogenannten „Arbeitslinien" als auch die der „Schönheitslinien" (Standardzucht) und des „Dual-Purpose-Typ" (siehe S. 19) sollten diesem Standard entsprechen. Er gilt somit für alle Zuchtlinien und für alle Züchter als eine verbindliche Richtlinie. Ziel ist es, Hunde hervorzubringen, die sowohl äußerlich als auch im Wesen diesem gewünschten Standard entsprechen. Übrigens wurde der erste Wurf von Labrador Retrievern im Jahr 1966 beim „Verband für das Deutsche Hundewesen" eingetragen. Erst viel später hat er die Popularität erlangt, **17** wie sie heute besteht. Dass er zurzeit bei uns zu einer der beliebtesten und häufigsten Hunderassen zählt, hat er vor allem seinem angenehmen Wesen und seinem ansprechenden Äußeren zu verdanken.

Hunde aus der Arbeitslinie sind leichter gebaut und auch agiler als solche aus der Schönheitslinie.

Auch diese Hündin ist ein typischer Vertreter der Arbeitslinie.

Arbeits- oder Schönheitslinie?

In ihrem Ursprungsland Großbritannien werden die Labrador Retriever schon seit vielen Jahrzehnten in zwei Schlägen gezüchtet. Sie unterscheiden sich sowohl im Erscheinungsbild als auch in ihren Anlagen und werden nur selten untereinander verpaart. So trennt man in Großbritannien die sogenannten Arbeitslinien, auch Field-Trial-Linien genannt, von den Ausstellungs- oder Showlinien.

Retriever aus der Arbeitslinie werden seit jeher speziell für die Jagd gezüchtet. Hunde aus Arbeitslinien sind in der Regel leichter gebaut als solche aus Showlinien, die meist massiger und etwas schwerer sind. Somit sind die Arbeitshunde auch etwas agiler und beweglicher. Dennoch weisen sie die laut Standard gewünschten Merkmale wie massiger Kopf, fassförmiger Brustkorb und natürlich die typische „Otterrute" auf. Die schwarze Farbe wird nach wie vor bei Labis aus der Arbeitslinie bevorzugt. Mittlerweile findet man im jagdlichen Einsatz aber auch Vertreter der beiden anderen Farbschläge.

Den Labis aus der Arbeitslinie wird häufig zugeschrieben, dass sie stärker auf ihren Führer bezogen sind, sodass sie auch manchmal als Einmann-Hund bezeichnet werden. Das Interesse für fremde Personen und die überschwängliche Freundlichkeit sowie die Kontaktfreude gegenüber Fremden ist bei den Labis aus Arbeitslinien weniger ausgeprägt. Dagegen sollen sie besser lenkbar sein und einen wesentlich stärkeren „Will to please" besitzen als die Labis aus den Showlinien.

Das heißt aber nicht, dass Labis aus Showlinien keine guten Jagdhunde sind. Auch hier gibt es durchaus Vertreter, die bezüglich ihrer jagdlichen Einsatzfähigkeit mit ihren Vettern aus den Arbeitslinien konkurrieren können.

Wer sich also für einen guten Arbeitshund interessiert, muss nicht unbedingt auf die Art der Zuchtlinie achten, sondern sollte vor allem Züchter aufsuchen, deren Hunde für die Jagd verwendet werden und leistungsgeprüft sind. Liegen hier gute Ergebnisse vor, ist die Chance relativ groß, dass die Nachkommen, die aus solchen Verpaarungen hervorgehen, auch für die Jagd gut eingesetzt werden können.

Im Gegensatz zu Großbritannien gibt es bei uns keine offizielle Trennung von Arbeits- und Schönheitslinie, dennoch sind zahlreiche Labis nach Wesen und Erscheinung einer der beiden Linien zuzuordnen. Hier bemühen sich die Züchter, eher vielseitig einsetzbare „Allrounder" hervorzubringen, die als „Dual-Purpose-Typ" bezeichnet werden. Somit wird das Erreichen einer sogenannten „Mehrzwecklinie" angestrebt. Ziel der Züchter ist hier eine Kombination von äußerst schönen und gleichzeitig perfekt arbeitenden Hunden, was aber nicht immer ganz einfach ist.

Beim Dual-Purpose-Typ erhalten Arbeitshunde ohne ausreichenden Formwert daher keine Zuchtzulassung. Andererseits soll aber auch der Erhalt von Arbeitsanlagen in der Zucht berücksichtigt werden. Trotzdem gibt es eine gewisse Bandbreite bei den Linien in der Labrador-Retriever-Zucht, sodass jeder Interessent zunächst entscheiden sollte, was für ein Labrador Retriever am besten zu ihm passt und ob dieser als reiner Familien- und Begleithund oder als Jagdbegleiter eingesetzt werden soll, um sich anschließend gezielt die richtigen Züchter auszusuchen.

Farben und Fell

Im Gegensatz zu manchen anderen Hunderassen, bei denen es Vertreter sowohl mit kurzem als auch mit langem oder drahtigem Fell gibt, besitzen alle Labrador Retriever ein kurzes, kräftiges, hartes Haar mit einer dichten Unterwolle.

Durch das beim Labi recht fetthaltige Haarkleid ist dieser Retriever besonders gut gegen Nässe geschützt. Ein kräftiges Schütteln nach dem Schwimmen schleudert das meiste Wasser aus dem Fell. Der Rest perlt einfach ab. Dank der dichten Unterwolle kann auch kaum Nässe bis auf die Haut durchdringen.

Häufig haben sich schon retrieverinteressierte Hundefreunde für einen Labi statt für seinen langhaarigen Vetter, den Golden, entschieden in der Hoffnung, dass der Labi mit seinem relativ kurzen Fell weniger haart. Das ist aber ein Irrtum. Denn man darf seine dichte Unterwolle nicht unter-

Labis haben viele Gesichter.

schätzen. Sie ist vor allem dafür verantwortlich, dass der Labi zu den Hunderassen zählt, die das ganz Jahr über mehr oder weniger stark Haare verlieren.

Beim Labrador Retriever war die ursprüngliche Fellfarbe ein sattes Schwarz. So sahen auch die ersten Labrador Retriever aus, die um 1830 nach England kamen. Zusammen mit den in den folgenden Jahren nach Großbritannien gebrachten Labrador Retrievern bildeten sie den Grundstein für die Zucht in Europa.

Die schwarze Farbe wird dominant vererbt (siehe unten) und ist bis heute auch die bevorzugte Farbe von Hunden aus der Jagdlinie. Den ersten gelben Labrador Retriever gab es wahrscheinlich 1899, als in einem Wurf schwarzer Eltern ein gelber Welpe geboren wurde. Gelbe Welpen galten am Anfang als nicht rassetypisch und wurden in den meisten Fällen getötet. Später gab es dann durch gezielte Zucht auch gelbe Labis, die besonders als Familienhunde immer beliebter wurden. Schließlich setzten sich auch die leberfarbenen oder schokoladenbraunen Labis durch. Sowohl die gelbe als auch die braune Fellfarbe wird rezessiv vererbt und kann nur durch gezielte Zucht hervorgebracht werden, wobei die braunen Labis nach wie vor die seltensten Vertreter der Rasse sind.

Die schwarze Farbe wird dominant vererbt und war früher die bevorzugte Farbe. Die gelben Labrador Retriever haben sich erst später durchgesetzt.

Die gelbe Fellfarbe umfasst beim Labi ein Farbspektrum von fast Weiß über Hellcreme bis fast Fuchsrot. Alle diese Varianten entsprechen dem Standard und gelten nicht als Fehlfarben.

Eine Besonderheit des gelben Labrador Retrievers ist weiterhin die Farbe des Nasenschwamms. Da sich die Farbe verändern kann, wird dieses Phänomen auch „Wechselnase" genannt. Im Winter, der lichtärmeren Jahreszeit, hellt sich der Nasenspiegel auf und wird fast braun. Im Sommer, wenn wieder mehr Licht-

Die braune Fellfarbe wird rezessiv vererbt und kommt daher am seltensten vor.

Bei gelben Labrador Retrievern kann sich die Farbe des Nasenschwamms jahreszeitlich bedingt verändern.

einfluss besteht, wird die Nase dunkler. Das Fell ist dagegen im Winter dunkler und wird im Sommer etwas heller.

Die Fellfarbe der braunen Labrador Retriever entspricht idealerweise der Farbe von dunkler Schokolade.

Die Augen sollen dunkel und die Nase ebenfalls dunkel pigmentiert sein. Bernsteinfarbene Augen, die auch als „liver" bezeichnet werden, sind bei den braunen Labrador Retrievern unerwünscht.

Es wird zwar häufig behauptet, dass braune Labis am ehesten zu Krankheiten neigen. Diese Behauptung konnte aber bisher nicht belegt werden.

Die Farbgenetik beim Labrador Retriever

Da die gelbe und die braune Fellfarbe nur rezessiv vererbt werden, müssen entweder beide Elterntiere gelbes oder braunes Fell haben oder das Gen für Gelb oder Braun in sich tragen, um Nachkommen in der entsprechenden Farbe hervorzubringen.

Zwei schwarze Elterntiere, die die Gene für die gelbe oder braune Fellfarbe tragen, können schwarze, gelbe bzw. braune Welpen hervorbringen. Es gibt auch Würfe, in denen alle drei Farben vorkommen.

Wussten Sie ...

… dass die Nachkommen von zwei gelben Labis immer gelb sind?

… dass die Nachkommen von zwei schwarzen Labis schwarz, gelb oder braun sein können?

… dass die Nachkommen von zwei braunen Labis gelb oder braun, aber nie schwarz sein können?

Die Farbvererbung ist beim Labrador Retriever recht kompliziert. Um Ihnen diesen höchst interessanten Sachverhalt der Farbgenetik etwas näher zu bringen, wird im Folgenden anhand einiger Beispiele bestimmter Farbkombinationen erläutert, wie sich die Auswahl der Elterntiere auf die Farbe der Nachkommen auswirkt.

- Wird ein reinerbig schwarzer Labrador Retriever mit einem gelben, braunen oder schwarzen Labrador Retriever verpaart, werden alle Welpen schwarz sein.
- Wird ein schwarzer Labrador Retriever, der die Anlage für Gelb trägt, mit einem gelben Labrador Retriever verpaart, werden in dem Wurf etwa 50 Prozent schwarze und 50 Prozent gelbe Welpen geboren.
- Wird ein schwarzer Labrador Retriever, der die Anlage für Braun trägt, mit einem braunen Labrador Retriever verpaart, werden in dem Wurf etwa 50 Prozent schwarze und 50 Prozent braune Welpen geboren.
- Wird ein schwarzer Labrador Retriever, der die Anlagen für die Farben Gelb und Braun trägt, mit einem gelben Labrador Retriever, der die Anlage für Braun trägt, oder mit einem braunen, der die Anlage für Gelb trägt, verpaart, erhält man einen Wurf, in dem alle drei Farben vorkommen.
- Aber Achtung! Verpaart man zwei Labrador Retriever, die beide alle drei Farben tragen, dann erhält man in dem Wurf gelbe Welpen, die kein schwarzes Pigment haben, das heißt, der Nasenschwamm dieser Welpen wird leberfarben sein. Da die leberfarbene Nase beim gelben Labrador unerwünscht ist, sollte diese Farbkombination vom Züchter nicht gewählt werden.

Beim Labrador Retriever unterscheidet man neun verschiedene Typen aufgrund der entsprechenden Genkombinationen. Ein bestimmtes Gen wird als Locus bezeichnet und mit einem Buchstaben benannt. Handelt es sich um Großbuchstaben, steht dies für ein dominantes Gen, mit Kleinbuchstaben bezeichnet werden rezessive Gene. Jedes Tier besitzt einen doppelten Chromosomensatz und somit auch jedes Gen doppelt, jeweils eins von Vater und Mutter. Diese beiden Gene werden als Allele bezeichnet. Somit können verschiedene Kombinationen von dominanten und rezessiven Genen vorliegen, die schließlich den Phänotyp, also das Aussehen bestimmen.

Bei der Farbvererbung des Labrador Retrievers spielen zwei Gene die Hauptrolle:

Die Schwarz-Serie wird als Locus B bezeichnet. Tiere mit den Allelen BB sind schwarz, Tiere mit den Allelen bb sind braun. Labrador Retriever mit der Genkombination bb können keinen schwarzen Farbstoff bilden und werden deshalb auch niemals eine schwarze, sondern nur eine leberfarbene Nase aufweisen.

Die Farbe Gelb reicht von Cremeweiß bis zu Fuchsrot. Diese Hündin aus einer Arbeitslinie ist ein sehr dunkler Vertreter der Farbe Gelb.

23

Das zweite für die Farbvererbung wichtige Gen ist Locus E. Hierbei handelt es sich um die sogenannte Ausdehnungs-Serie, die sich auf die Ausdehnung des schwarzen Pigments bezieht. Das dominante E steht für die schwarze Farbe, das rezessive e für die gelbe Farbe.

In der folgenden Tabelle werden die neun möglichen Genkombinationen aufgeführt. Wie zu erkennen ist, können Labis mit einer bestimmten Fellfarbe durchaus auch das Erbmaterial für eine andere Farbe besitzen und an die Nachkommen weitergeben. Somit ist es bei der Zucht dieser Rasse wichtig, den Genotyp der Elterntiere testen zu lassen, um zu wissen, wie ihre möglichen Nachkommen aussehen könnten.

Zwei Labrador Retriever mit unterschiedlichen Farben können durchaus aus demselben Wurf stammen.

Genloci	Typ	Phänotyp und Genotyp
BBEE	I	Schwarzes Fell, schwarze Nase, trägt Gen für Schwarz
BBEe	II	Schwarzes Fell, schwarze Nase, trägt Gen auch für Gelb
BbEE	III	Schwarzes Fell, schwarze Nase, trägt Gen auch für Braun
BbEe	IV	Schwarzes Fell, schwarze Nase, trägt Gen auch für Gelb und Braun
BBee	V	Gelbes Fell, schwarze Nase, trägt Gen auch für Schwarz
Bbee	VI	Gelbes Fell, schwarzes Nase, trägt Gen auch für Braun und Schwarz
bbee	VII	Gelbes Fell, braune Nase, trägt Gen auch für Braun
bbEE	VIII	Braunes Fell, braune Nase, trägt Gen für Braun
bbEe	IX	Braunes Fell, braune Nase, trägt Gen auch für Gelb

Aufgrund der Genkombinationen, die jeder Hund in sich trägt, lässt sich nach den Mendelschen Regeln – statistisch gesehen – voraussagen, welche Fellfarbe die Welpen in einem Wurf haben werden. Zugegebenermaßen ist die Farbvererbung eine Wissenschaft für sich und äußerst kompliziert, sodass die Züchter bei einer gezielten Auswahl sehr gefordert sind. Wenn Sie sich aber einen Überblick verschaffen möchten, schauen Sie in die nachfolgende Tabelle.

Typ	I	II	III	IV	V	VI	VII	VIII	IX
I	alle schwarz	alle schwarz	alle schwarz	alle schwarz	alle schwarz	alle schwarz	alle schwarz	alle schwarz	alle schwarz
II	alle schwarz	¾ schw. ¼ gelb	alle schwarz	¾ schw. ¼ gelb	½ schw. ½ gelb	½ schw. ½ gelb	½ schw. ½ gelb	alle schwarz	¾ schw. ¼ gelb
III	alle schwarz	alle schwarz	¾ schw. ¼ braun	¾ schw. ¼ braun	alle schwarz	¾ schw. ¼ braun	½ schw. ½ braun	½ schw. ½ braun	½ schw. ½ braun
IV	alle schwarz	¾ schw. ¼ gelb	¾ schw. ¼ braun	9/16 schw. ¼ gelb 3/16 braun	½ schw. ½ gelb	⅜ schw. ½ gelb ⅛ braun	¼ schw. ½ gelb ¼ braun	½ schw. ½ braun	⅜ schw. ¼ gelb ⅜ braun
V	alle schwarz	½ schw. ½ gelb	alle schwarz	½ schw. ½ gelb	alle gelb	alle gelb	alle gelb	alle schwarz	½ schw. ½ gelb
VI	alle schwarz	½ schw. ½ gelb	¾ schw. ¼ braun	⅜ schw. ½ gelb ⅛ braun	alle gelb	alle gelb	alle gelb	½ schw. ½ braun	¼ schw. ½ gelb ¼ braun
VII	alle schwarz	½ schw. ½ gelb	½ schw. ½ braun	¼ schw. ½ gelb ¼ braun	alle gelb	alle gelb	alle gelb	alle braun	½ gelb ½ braun
VIII	alle schwarz	alle schwarz	½ schw. ½ braun	½ schw. ½ braun	alle schwarz	½ schw. ½ braun	alle braun	alle braun	alle braun
IX	alle schwarz	¾ schw. ¼ gelb	½ schw. ½ braun	⅜ schw. ¼ gelb ⅜ braun	½ schw. ½ gelb	¼ schw. ½ gelb ¼ braun	½ gelb ½ braun	alle braun	¾ braun ¼ gelb

Besondere Farben

Neben den erwünschten Fellfarben Schwarz, Gelb und Braun gibt es auch sogenannte Fehlfarben oder Farbabweichungen. Nachdem man heute weiß, dass auch andere Hunderassen – zum Beispiel Spaniel oder Setter, um nur einige zu nennen – sei es beabsichtigt oder zufällig eingekreuzt wurden, bevor der Labrador Retriever als eigenständige Rasse anerkannt war, kann dies die Erklärung für so manche Farbabweichung sein.

Diese Farbabweichungen werden meist rezessiv vererbt, das heißt, beide Elterntiere müssen Anlageträger für diese „Fehlfarbe" sein.

Die häufigsten und bekanntesten dieser Farbabweichungen sind hier aufgeführt.

Unerwünschte Farbabweichungen
■ **Brindle oder gestromt**
Ein schwarzer oder brauner Labrador zeigt an einem oder mehreren Körperteilen, zum Beispiel an den Hinterläufen, an den Vorderläufen oder auch auf dem Rücken, eine hellbraune Stromung.

Laut Standard ist nur ein kleiner weißer Brustfleck erlaubt. Ein solch großer weißer Brustfleck wie bei dieser Hündin kommt sehr selten vor.

■ Black and Tan

Ein Labrador Retriever mit einer schwarzen oder braunen Grundfarbe hat an bestimmten Körperstellen, wie zum Beispiel am Kopf, an der Brust und an den Pfoten, hellbraune Abzeichen, wie man sie auch beim Dobermann, Gordon Setter und Rottweiler findet.

Ein Labrador Retriever, der eine dieser Farben trägt, wird immer von der Zucht ausgeschlossen, da diese Farbabweichungen im höchsten Maße unerwünscht sind.

Bolo-Pfoten

Anders verhält es sich dagegen mit den sogenannten „**Bolo-Pfoten**" oder „**Bolo pads**". Das sind einzelne weiße Haare oder auch ausgeprägte weiße Flecken auf der Rückseite der Pfoten oberhalb der Ballen. Labrador Retriever mit diesen „Bolo-Pfoten" sollen auf den berühmten Vererber der Geschichte dieser Rasse „Ch. FTCh. Banchory Bolo" zurückgehen.

Der silberne Labrador Retriever

Eine andere Farbabweichung, die immer populärer wird, ist der sogenannte „**Silber Labrador**", der in den letzten Jahren vor allem in amerikanischen Zwingern gezüchtet wurde, mittlerweile aber auch bei uns einige Anhänger gefunden hat.

Die Züchter dieser Hunde erklären die Entstehung dieser Farbe folgendermaßen: Wenn über mehrere Generationen immer nur sehr helle schokoladenbraune Labrador Retriever miteinander verpaart werden, würde diese Farbe entstehen. Eine andere Theorie über die Entstehung der silbernen Fellfarbe ist, dass diese Fellfarbe möglicherweise durch die Einkreuzung der Rasse Weimaraner entstanden ist, da die silbernen Hunde anscheinend oft auffällig dem Typ des Weimaraners ähneln. Dieses würde nicht der Reinzucht des Labrador Retriever entsprechen. Allerdings wurden – wie schon erwähnt – früher auch andere Rassen mit eingekreuzt, bevor der Labrador Retriever als eigenständige Rasse anerkannt wurde, sodass die Einkreuzung eines Weimaraners je nachdem, wann sie stattgefunden hat, durchaus akzeptiert werden müsste. Meines Erachtens scheint es aber eher unwahrscheinlich zu sein, dass die Rasse Weimaraner vor der Erstellung des auch noch heute gültigen Rassestandards durch den „Englischen Kennel Club", eingekreuzt wurde. Sonst wären sicherlich schon in früheren Jahren silberne Labrador Retriever geboren worden.

Ganz klar steht aber fest, dass die silberne Farbe aufgrund einer sogenannten Farbverdünnungs- oder Farbschwächungsserie entsteht. Ist das Gen vorhanden, findet bei der bestehenden Grundfarbe eine Farbverdünnung statt. Die Bezeichnung für die Farbschwächungs-Serie lautet Locus D. Sie ruft bei einfachem oder doppeltem Vorhandensein des Gens (D oder DD) eine dichte, starke Pigmentierung der Fellfarbe hervor. Liegt aber dd (das ist in diesem Fall **27** das Allel der Farbverdünnung) am Genort vor, so wird die Fellfarbe abgeschwächt, das heißt, die Farbschwächung wird rezessiv vererbt und tritt nur auf, wenn die Nachkommen das entsprechende Gen (d) doppelt besitzen.

Bei den silbernen Labrador Retrievern findet diese Farbverdünnung bei den Tieren statt, welche die Erbanlage für die braune Fellfarbe haben. Das Ergebnis sind dann die sogenannten „silbernen" Hunde, die häufig auch bernsteinfarbene Augen haben.

Allerdings ist dieses Dilutions-Gen (Dilution = Farbschwächung) zumindest bei anderen Hunderassen, bei denen man es nachgewiesen hat, genetisch mit verschiedenen, vor allem Hautkrankheiten gekoppelt. Daher nehmen viele Züchter Abstand davon, zwei Hunde mit dem Merkmal dd zu verpaaren, um möglichen Erkrankungen vorzubeugen.

Genau geklärt bzw. nachgewiesen ist die Entstehung dieser Farbe beim Labrador Retriever somit nicht und darüber, ob es sich bei diesen Hunden um wirklich typische Labrador Retriever handelt, scheiden sich die Geister. Da sich die silbernen Labrador Retriever in letzter Zeit aber einen gewissen Liebhaberkreis geschaffen haben, sollte auch diese Farbvariante hier mit erwähnt werden.

Die „Silver Labradors" sind zwar in Amerika schon über einige Generationen gezüchtet worden, sie entsprechen aber weder dem KC/FCI-Standard noch dem Standard des „Amerikanischen Kennel Clubs".

Die Farbe Charcoal

Auch die als Charcoal bezeichnete Farbe, die bisher nur recht selten bei Labis zu sehen ist, gehört zu den Farbschlägen, die durch eine Farbverdünnung entstehen. In diesem Fall sind es Hunde mit dem Gen für schwarze Fellfarbe, die durch die Farbverdünnung (dd) ein anthrazitfarbenes, also eher graues Fell und häufig auch etwas hellere Augen besitzen.

Ob die beiden Farben Silver und Charcoal irgendwann in den Standard mit aufgenommen werden, bleibt abzuwarten. Im Jahr 2010 wurde in Deutschland von den federführenden Vereinen beschlossen, diese beiden Farben bei uns als Fehlfarben anzusehen, da sie nicht den Farbschlägen laut Standard entsprechen. Und da der Standard für den Labrador Retriever nur in seinem Heimatland Großbritannien verändert werden darf, liegt es ausschließlich an den Briten, ob diese beiden Farbschläge doch noch irgendwann in den Standard mit aufgenommen werden. Bisher ist aber damit nicht zu rechnen.

Wesen und Charakter

Der Labrador Retriever ist ein gutmütiger, sehr agiler Hund, den seine vorzügliche Nase, seine Weichmäuligkeit und seine große Wasserfreudigkeit auszeichnen. Sein freundliches und anpassungsfähiges Wesen macht ihn zu einem hingebungsvollen, idealen Begleiter in vielen Bereichen. Er ist ein freundlicher Hund mit einem ausgeprägten „Will to please", das heißt, er möchte seinem Menschen gefallen und seine Aufgaben erledigen.

Fremden gegenüber ist der Labi in der Regel sehr aufgeschlossen und er neigt dazu, jede Person stürmisch zu begrüßen. Er ist weder ein Wachhund noch ein Schutzhund. Dagegen ist er äußerst gutmütig.

Das freundliche, gutmütige Naturell ist typisch für einen Labrador Retriever.

Das freundliche Naturell und die Leichtführigkeit hat den Labrador Retriever zu einem idealen Familienhund werden lassen, obwohl er für die Jagd nach dem Schuss gezüchtet wurde und teilweise auch heute noch jagdlich eingesetzt wird.

Die Tiere zeigen normalerweise keine Anzeichen von Aggressivität, Scheue oder Wesensschwäche. Man sollte aber nicht vergessen, dass sie ursprünglich Jagdhunde sind, deren Aufgabe es ist, angeschossenes Wild zu suchen und heranzutragen – daher der Name, denn das Wort „retrieve" bedeutet übersetzt nichts anderes als „zurückbringen" oder „apportieren". **29**

Übrigens ist die sogenannte Weichmäuligkeit die Voraussetzung für die Apportierarbeit.

Der Labrador Retriever ist ein sehr menschenbezogener Hund, der gern mit seinem Besitzer zusammenarbeitet und ihm stets gefallen will. Sein liebenswertes Wesen, seine Freundlichkeit gegenüber Jedermann und seine hohe Stresstoleranz im Alltag, sei es bei der Arbeit oder im Zusammenleben mit der Familie, zeichnen diese Rasse besonders aus – was aber nicht heißen soll, dass auch ein Welpe dieser Rasse mit Sicherheit ein wahres Energiebündel sein kann. Durch frühzeitige Erziehung und Konsequenz vonseiten der Menschen muss der Labi daher lernen, sein Temperament zu zügeln.

Ein Raufer ist der Labrador Retriever grundsätzlich nicht. Er ist mit anderen Hunden in der Regel gut verträglich. Wird er aber angegriffen, wird sich auch ein Labi in den meisten Fällen zur Wehr setzen.

Seine Wasserfreude möchte er im Sommer, aber auch im Winter ausleben können. Da ihn sein dichtes Fell vor Kälte und Nässe schützt, springt er bei jedem Wetter in alle möglichen Gewässer, auch wenn es sich dabei nur um eine dreckige Pfütze handelt.

Ein Labi ist ein aktiver Hund für aktive Menschen, der nicht zu Hause hinter dem Ofen liegen möchte, sondern seine Menschen nach Möglichkeit immer und überallhin begleiten will.

Er ist sehr lern- und arbeitsfreudig sowie aufmerksam. Wenn er liebevoll und konsequent von seinem Menschen erzogen wird, entwickelt er

Seine Wasserfreude will ein Labi zu jeder Jahreszeit ausleben können.

eine sehr gute Führigkeit und ein großes Bedürfnis, ihm in allen Situationen zu gefallen.

Sein Wesen ist immer freundlich. Aggression und unangebrachte Scheue sind ihm fremd. Seine überaus große Stresstoleranz und seine hohe Reizschwelle machen ihn daher durchaus zu einem angenehmen und belastbaren Familienmitglied.

Da der Labrador Retriever aber in erster Linie ein Jagdgebrauchshund ist, der gern arbeitet, sollte man sich dieser Veranlagung durchaus bewusst sein und ihn entsprechend beschäftigen. Ein Labi, der keine geistige Beschäftigung erhält und niemals seine Arbeitsfreude zeigen und ausleben darf, ist buchstäblich ein „Armer Hund". Er wird sich dann, aus der Langeweile heraus, selbst eine Beschäftigung suchen, die dann sicherlich nicht immer im Sinne seiner Menschen ist. Darüber sollte man sich im Klaren sein, bevor man sich einen dieser wunderbaren Hunde anschafft.

Dickfellig und geduldig

Der Labi ist der dickfelligste Vertreter aller Retrieverrassen. Er ist durch fast nichts aus der Ruhe zu bringen und besitzt eine ungewöhnlich stoische Ruhe. Selbst wenn er schlecht behandelt wird oder stundenlanges Streicheln mit tollpatschigen Kinderhänden über sich ergehen lassen muss, bringt ihn das nicht aus der Fassung. Diese Veranlagung wird ihm dann manchmal zum Verhängnis, wenn der Mensch denkt, man kann einem Labrador Retriever einfach alles zumuten und braucht nicht auf seine Bedürfnisse Rücksicht zu nehmen. Der so behandelte Labi wird sich dann irgendwann von seinem Menschen zurückziehen und der Weg zur Verhaltensauffälligkeit ist nicht mehr weit.

Eine gewaltfreie, liebevolle und geduldige Erziehung bringt bei einem Labi viel mehr als eine ungeduldige harte Hand und eine laute Stimme. Denn wer sich für solch eine menschenfreundliche Hunderasse, die es uns ständig recht machen möchte, entscheidet, sollte dem auch entsprechend entgegenkommen.

Ihr Erbgut: Apportieren

Die sechs Retrieverrassen stellen zusammen die Gruppe der Apportierhunde dar. Somit ist klar, dass die größte Leidenschaft für einen Labi das Apportieren ist. Diese Fähigkeit ist angeboren und liegt den Hunden im Blut. Es muss ihnen nicht beigebracht werden, sondern kann nur durch das richtige Training und eine entsprechenden Ausbildung verfeinert und perfektioniert sowie in bestimmte Bahnen gelenkt werden.

Ursprünglich wurden Retriever dafür gezüchtet, erjagtes Wild – vor allem Federwild – aus dem Wasser und zu Lande zu suchen und seinem Men- **31**

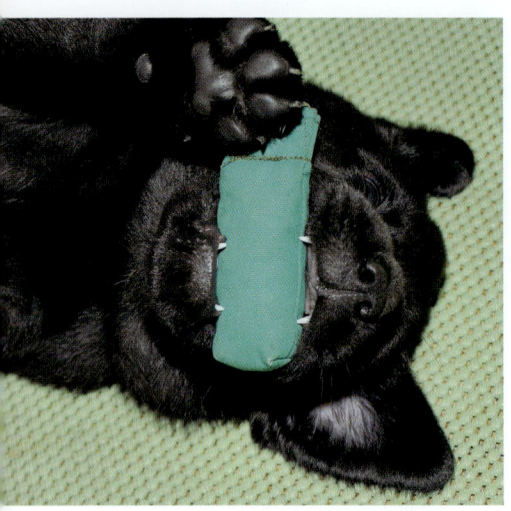

Die Apportierfreude ist dem Labi wirklich angeboren – wie man hier sieht!

schen unversehrt zu bringen. Diese Fähigkeit kann beliebig auf andere Gegenstände übertragen werden.

Für einen Retriever spielt es keine Rolle, ob er ein totes Stück Wild trägt oder ein Spielzeug, ein Dummy, ein Stück Holz und vieles mehr. Auch im Haus trägt der Labi gern alle möglichen Gegenstände umher, was durch gezieltes Üben eine sinnvolle Hilfe sein kann. Denn wer lässt sich nicht gern nach getaner Arbeit die Hausschuhe vor die Füße stellen? Auch das Überreichen eines „Willkommensgeschenks", wenn einer der geliebten Menschen nach Hause kommt, ist typisch für einen Retriever. Das kann das Lieblingsspielzeug, ein Handtuch oder irgendetwas anderes, was gerade greifbar ist, sein. Viele tragen auch gern beim Spaziergengehen den Lieblingsball oder die eigene Leine, die bei einem Retriever ohnehin kaum benötigt wird, wenn man nicht im Straßenverkehr unterwegs ist. Somit sind der Fantasie keine Grenzen gesetzt, um einen Labi mit dem Apportieren abwechslungsreich zu beschäftigen, wie später noch genauer beschrieben wird.

Bringfreude ist angeboren

Alle Verhaltensweisen von Hunden werden durch irgendwelche Triebe ausgelöst und gelenkt. Der Apportiertrieb ist in gewisser Weise eine Art Beutetrieb und ist bei Retrievern besonders stark ausgeprägt. Der Hund nimmt eine gefundene oder erlegte Beute auf, um sie an einen bestimmten, sicheren Ort zu bringen und sie dort zu verspeisen oder zu verstecken. Da die Retriever seit Jahrhunderten im Dienste des Menschen stehen und zu ihm enge Bindung aufbauen, bringen diese Hunde ein gefundenes Apportel – ob Wild, Spielzeug oder Dummy – von Natur aus gern zu ihren Menschen, wenn sie dafür dann auch die verdiente Belohnung erhalten. Dank dieser angeborenen Bringfreude ist es viel leichter, einem Labi das korrekte Apportieren der unterschiedlichsten Objekte beizubringen als so manch anderen Hunderassen. Dies sollten Sie bei der Beschäftigung ihres Vierbeiners immer nutzen. Das Teilen der „Beute" mit seinem Menschen, indem er den apportierten Gegenstand ihm bringt, ist ein riesengroßer Vertrauensbeweis, den der Labi seinem Menschen entgegenbringt.

Steadiness ist gewünscht

Der englische Begriff „Steadiness" taucht immer wieder auf, wenn es um die Arbeit, und zwar um das Apportieren sowohl bei der Jagd als auch bei der Dummy-Arbeit bei Retrievern geht. Aber was bedeutet Steadiness überhaupt?

Steadiness heißt übersetzt Standruhe und bezeichnet ein gewünschtes Verhalten im Zusammenhang mit dem jagdlichen Einsatz. Das gewünschte Verhalten sieht wie folgt aus: Ein Hund, der unangeleint ist, sitzt oder läuft in Grundstellung neben seinem Führer, auch wenn ein Schuss fällt oder ein Dummy fliegt. Aufmerksam hat er das Geschehen zu verfolgen und darf auch nicht störende Laute (Quietschen, Fiepen, Bellen) von sich geben, bis er an der Reihe ist. Nur auf Kommando (nicht etwa nur durch das Ertönen des Schusses oder das Aufprallen des Dummys an Land oder das Aufplatschen des Dummys im Wasser) darf er zu seinem Apportel. Diese Steadiness ist im Jagdalltag für den Retriever lebensnotwendig, denn wenn er losstartet, solange von den Jägern noch geschossen wird, könnte ihn das sein Leben kosten.

Ein Labrador Retriever, der sich im Jagdeinsatz befindet, muss sich also absolut still verhalten, während geschossen wird. Genauso ist es auch bei der Dummy-Arbeit. Solange Dummys geworfen werden, hat sich der Hund ruhig und wartend zu verhalten. Winseln, bellen, fiepen oder den Platz aus der Grundstellung neben seinem Führer verlassen, um unaufgefordert ein Dummy oder Wild zu apportieren (das wird als „Einspringen" bezeichnet), führt zum sofortigen Ausschluss, sowohl bei Jagdprüfungen als auch bei Dummy-Prüfungen.

Echte Wasserhunde

Retriever gehören zwar nicht zu den offiziell als Wasserhunden bezeichneten Rassen. Sie werden aber derselben Rassegruppe zugeordnet. Ihre Wasser- und meistens auch Schwimmfreudigkeit haben die Retriever von ihren Vorfahren geerbt und bis heute behalten. Da diese Hunde in Neufundland zunächst vorwiegend als Helfer beim Fischfang eingesetzt wurden, war es natürlich besonders wichtig, dass sie gut und gern schwimmen konnten und ihnen dank ihres dichten, wasserabweisenden und isolierenden Fells das raue Klima nichts anhaben konnte. Auch eine robuste, körperliche Konstitution war überlebenswichtig.

Obwohl der Labi heute nicht mehr unter diesen unwirtlichen Bedingungen arbeiten muss, haben sich diese Eigenschaften erhalten. Somit ist die ausgeprägte Wasserfreudigkeit ein äußerst typisches Merkmal für den Labi. Bei jedem Wind und Wetter geht er liebend gern ins Wasser. Hierbei ist es egal, ob es sich um eine große Pfütze, einen kalten Bach, einen schlammigen Tümpel oder einen klaren See handelt. Selbst ein breiter Fluss und das offene Meer wirken einladend auf die Retriever.

Als echte Wasserhunde sind die Labrador Retriever wirklich für jedes Gewässer zu begeistern – auch für einen kleinen Bach.

Diesen Drang werden Sie Ihrem Labi nie völlig abgewöhnen können und er sollte auch akzeptiert werden, wenn man sich für diese Rasse entscheidet. Die Wasserfreude ist angeboren und wird nur gedämpft, wenn der Hund eine schlechte Erfahrung in einem Gewässer gemacht hat und es sozusagen aus Angst meidet, was man wohl keinem Hund wünscht.

Wenn Sie vermeiden möchten, dass sich Ihr Labi in der nächsten Pfütze suhlt, hilft es nur, ihn rechtzeitig – bevor er auf die Idee kommt – abzurufen und eventuell anzuleinen, bis man das Gewässer hinter sich gelassen hat. Hier sollte also der Mensch vorausschauend handeln.

Ebenso sollte man seine „Wasserratte" ohne Halsband ins Wasser lassen, damit man nicht Gefahr läuft, dass der Hund mit dem Halsband irgendwo hängen bleibt und womöglich ertrinken könnte.

Auch im Winter birgt ein Gewässer eine nicht unerhebliche Gefahr für unsere Labis, wenn die Eisfläche noch nicht ganz geschlossen oder das Eis noch nicht stabil genug ist, um zu tragen. Der Hund könnte einbrechen und unter das Eis geraten. Dann würde er ertrinken, wenn er nicht sofort gerettet werden könnte. Bei stark reißenden Gebirgsbächen ist ebenfalls Vorsicht geboten, denn eine starke Strömung kann auch einen sehr guten Schwimmer, wie der Labi nun mal einer ist, abtreiben, was für ihn lebensbedrohlich wäre.

Die Otterrute in Aktion

Als gute Schwimmer bewegen sich erwachsene Retriever äußerst kraftvoll im Wasser. Nicht nur die Beine werden voller Energie eingesetzt, auch die Rute wird beim Schwimmen als eine Art Ruder genutzt. Nicht ohne Grund wird beim Labi

Die äußerst kräftige Rute wird beim Schwimmen als Ruder eingesetzt und heißt deshalb nicht ohne Grund „Otterrute".

der kräftige und an Land fast ständig hin- und herwedelnde Schwanz als Otterrute bezeichnet. Beim Schwimmen wird die Rückenlinie knapp unter der Wasseroberfläche gehalten, Schultern und Kopf ragen dagegen dicht über die Wasserlinie, um jederzeit ein Objekt ihrer Begierde – was sich zum Apportieren eignet – entdecken und ansteuern zu können.

Die Nase ist immer im Dienst

Der Labrador Retriever besitzt eine vorzügliche Nase, die fast immer im Einsatz ist, sei es bei der Jagd, indem er das geschossene Wild im Dickicht sucht, um es dann zu bringen, oder im Wasser bei der Entenjagd, um die Enten im Schilf aufzustöbern, damit der Jäger überhaupt zum Schuss kommen kann, und sie anschließend aus dem Wasser zu apportieren. Eine Wildfährte verfolgen oder ein angeschossenes Stück Wild aufspüren (Nachsuche) wird der Labrador Retriever gern als seinen Arbeitsauftrag annehmen und zur vollsten Zufriedenheit seines Führers erledigen. Immer wird ihm dabei seine Nase sehr gute Dienste erweisen.

Bei der Dummy-Arbeit, wenn es bei der Freiverlorensuche gilt, mehrere Dummys, die in einem Waldstück versteckt sind, zu finden und zurückzubringen, wäre der Labi ohne eine gute Nasenleistung kaum in der Lage, die Aufgabe so zu erfüllen, wie es von ihm erwartet wird. Und auch ein „blind" (für den Labrador nicht sichtbar) ausgelegtes Dummy wird er mit Sicherheit durch den Einsatz seiner Nase aufspüren. Näheres dazu finden Sie in dem Kapitel „Dummy-Arbeit".

Bedingt durch die hervorragende Eigenschaft seiner feinen Nase eignet sich der Labrador Retriever auch als Rettungshund und als Drogenspürhund. Immer häufiger findet der Labi sein Einsatzgebiet beim Zoll, um auf den Flughäfen geschmuggelte, artengeschützte Tiere oder Souvenirs, die aus solchen Tieren hergestellt wurden, aufzuspüren.

Natürlich findet unser Labi aufgrund seiner „Supernase" auch Sachen, die seinen Menschen nicht gerade erfreuen. Zum Beispiel biegt er, gerade eben noch auf dem Feldweg laufend, schnurstracks im rechten Winkel auf den danebenliegenden Acker ab, um einen alten Knochen zu finden, der dann auch postwendend in seinem Maul bzw. in seinem Magen verschwindet.

Auch ein weggeworfenes Butterbrot oder sonstige Lebensmittel, die nicht in die freie Natur gehören, entgehen seiner Nase nicht und werden, wenn wir ihn nicht rechtzeitig zurückrufen, auch sofort verspeist.

Da ist dann wieder sein Mensch gefordert, erzieherisch auf ihn einzuwirken, damit solche Aktionen, bedingt durch seine gute Nasenarbeit, unter Umständen nicht einmal lebensbedrohlich für unseren Labi werden können.

Fressen – eine Leidenschaft

Auch wenn sich häufig bestimmte Vorurteile als Märchen erweisen, stimmt es aber wirklich, dass ein Labi recht verfressen ist. Diese Leidenschaft hat aber auch einen klaren Vorteil. Denn mit einem Leckerchen ist ein Labi jederzeit für bestimmte Aufgaben und Übungen zu motivieren, was man sich sowohl bei der Grunderziehung als auch bei der späteren Ausbildung immer wieder zunutze machen kann. Hierbei müssen Sie aber die im Training verwendete Futtermenge bei den Portionen für die täglichen Mahlzeiten mitberücksichtigen. Denn sonst sammeln sich schnell überflüssige Pfunde an.

Der Labrador Retriever gehört zu den Hunderassen, bei denen die Ellenbogengelenkdysplasie vorkommen kann. Daher achten Sie bei der Anschaffung besonders auf eine gute Zuchtlinie und später auf die richtige Ernährung.

Da für einen Labi das Fressen eine große Leidenschaft ist, neigt er auch schnell zu Übergewicht, was aber durch konsequentes Abteilen der Futterrationen und natürlich ausreichend Bewegung vermieden werden kann. Vielleicht ist es dem einen oder andern schon mal aufgefallen, dass auf Ausstellungen häufig die besonders „kräftigen", also oft relativ dick erscheinenden Labis die besten Bewertungen bekommen. Denn von einigen Richtern wird in den Schönheitslinien immer noch der kompaktere Körperbau bevorzugt. Labis aus der Jagdlinie sind in der Regel etwas schlanker und manchmal auch hochbeiniger.

Auf alle Fälle sollte darauf geachtet werden, dass der Labi nicht zu dick wird. Die Taille sollte noch zu sehen und die Rippen fühlbar sein. Denn durch Übergewicht werden nicht nur Herz und Kreislauf unnötig stark belastet, auch Gelenkerkrankungen können dadurch eher auftreten. Da bei dieser Rasse, wie bei allen relativ großen Hunden, ohnehin Hüft- und Ellenbogengelenkdysplasie auftreten können, sollte man auf alle Fälle diesbezüglich vorbeugen. Insbesondere sollte der noch junge Labrador Retriever nicht übergewichtig sein, damit die noch im Wachstum befindlichen Knochen und Gelenke nicht unnötig belastet werden.

Auch wenn sich der Labi als Familienhund gut eignet – er ist und bleibt ein Jagdhund.

Ideal für die Familie – und doch Jagdhunde

Obwohl der Labi zu den Hunderassen gehört, die dank ihres freundlichen Wesens und ihrer Geduld zu den idealen Familienhunden zählen, darf man jedoch nicht vergessen, dass sie hochspezialisierte Jagdhunde sind. Sie wurden für die Arbeit nach dem Schuss gezüchtet, das heißt, sie sollten vor allem geschossenes Wild, in den meisten Fällen Federwild, apportieren, sowohl aus dem Wasser als auch auf dem Land. Aufgrund dieser Aufgaben brauchten diese Hunde einen starken Arbeitswillen und eine ungeheure Ausdauer. Das Suchen und Bringen besonders aus einer großen Entfernung erfordert auch eine gewisse Selbstständigkeit, da der Hund ohne fremde Hilfe seine Aufgabe lösen und seine Arbeit durchführen muss. Diese Selbstständigkeit ist natürlich im Wesen dieser Hunde verankert. Somit muss der Hundehalter, besonders wenn es um die Erziehung des jungen Retrievers geht, eine gewisse Beharrlichkeit, Konsequenz und Geduld zeigen. Denn es kann durchaus sein, dass ein Labi eine gewisse Eigenheit an den Tag legt, mit dem sein Mensch dann richtig umgehen muss.

Will to please

Zum Glück ist den Retrievern neben der Bringfreude auch noch eine weitere Eigenschaft in die Wiege gelegt worden, die sich ihre Menschen praktisch zunutze machen können. Es ist der sogenannte „Will to please", also der Wille, seinem Rudelführer – also dem Menschen – zu gefallen, ihm alles recht zu machen und möglichst alle Aufgaben, die von ihm verlangt werden, zu erfüllen. Diese Eigenschaft trägt dazu bei, dass der Labi als sehr leichtführig bezeichnet wird, das heißt, er ist relativ leicht zu erziehen und für die verschiedensten Aufgaben gut auszubilden. Bringt der Mensch dann bei der Ausbildung die erforderliche Geduld und Konsequenz

Der Labi möchte seinem Menschen immer gefallen und ihm alles recht machen.

auf und arbeitet mit positiver Verstärkung – ob durch Futterbelohnung oder Spiel –, wird er es ziemlich leicht haben, regelmäßig Fortschritte und Erfolge zu erzielen und außerdem sehr viel Freude an der Arbeit mit seinem Vierbeiner haben.

37

Den richtigen Labi finden

Wenn Sie auf der Suche nach einem Labrador Retriever sind, wenden Sie sich in Deutschland am besten an die beiden zuständigen Zuchtverbände, und zwar den „Labrador Club Deutschland e. V." (LCD) oder den „Deutschen Retriever Club e. V." (DRC). Der LCD vertritt ausschließlich die Rasse Labrador Retriever. Der DRC betreut alle sechs Retriever-Rassen. (Bitte den „Deutschen Retriever Club" nicht mit dem „Deutschen Rassehund Club" verwechseln, da beide die gleiche Abkürzung DRC haben!)

Sowohl der LCD als auch der DRC sind dem „Verband für das deutsche Hundewesen e. V." (VDH) angeschlossen und ordnen sich dessen strengen Richtlinien unter. Der VDH wiederum ist Mitglied der „Fèdèration Cynologique Internationale" (FCI), des Weltverbandes des Hundewesens und der Hundezucht.

Für Österreich ist der „Österreichische Retriever Club" und für die Schweiz der „Retriever Club Schweiz" zuständig. Alle Adressen finden Sie im Anhang.

Bei diesen Verbänden kann man sich entweder telefonisch oder auch über das Internet informieren, wann und wo Labradorwelpen zu bekommen sind. Die Vereine veröffentlichen auf ihrer Homepage eine Liste von sogenannten „Erwarteten Würfen" (das heißt, diese Liste bezieht sich auf Welpen, die in den nächsten acht Wochen geboren werden sollen), eine

Die Qual der Wahl – wenn Sie den passenden Labi für sich suchen, informieren Sie sich am besten bei den zuständigen Zuchtverbänden.

„Welpenliste" (hier werden Welpen von der Geburt bis zur 16. Lebenswoche aufgeführt), eine „Junghunde-Liste" (hierbei handelt es sich um Junghunde von der 16. Lebenswoche bis zu einem Jahr) und zum Schluss noch die Liste mit den „Älteren oder erwachsenen Labrador Retrievern" (das sind Hunde in einem Alter ab einem Jahr und älter).

Welpe oder erwachsener Labi?

Sie sollten sich von vornherein überlegen, ob Sie lieber einen Welpen oder einen etwas älteren Labrador Retriever in Ihrer Familie aufnehmen möchten. Wenn Sie genügend Zeit und Geduld haben, sich der Erziehung und Ausbildung eines Welpen zu widmen, werden Sie sich eher für einen Welpen entscheiden. Vor Ihnen liegt dann eine wunderschöne, spannende und auch für den Menschen sehr lehrreiche Welpen- und Junghundezeit, die mit Sicherheit ein tolles Mensch-Hund-Team entstehen lässt.

Welpen haben sicher den Vorteil, dass sie noch ganz jung und unbefangen in ihre neue Umgebung integriert werden können. Aber dabei gilt es auch zu bedenken, dass ein Welpe noch nicht stubenrein ist und die Stubenreinheit erst erlernen muss, was für einige Wochen den frisch gebackenen Labi-Besitzer fordert. Auch der Zeitaufwand, den man für die Erziehung eines Welpen benötigt, darf nicht unterschätzt werden.

Dagegen hat ein erwachsener Hund das Flegelalter schon hinter sich und häufig eine solide Grunderziehung oder sogar Ausbildung genossen, sodass einem als Hundehalter manches mit einem erwachsenen Labrador Retriever mit Sicherheit leichter fällt.

Meistens lassen sich auch die etwas älteren Hunde – mit Verständnis, Einfühlungsvermögen und auch dem Wissen über ihre Vorgeschichte – noch gut in eine andere Umgebung integrieren. Die erwachsenen Labrador Retriever, die über den Zuchtverband angeboten werden, sind auch einmal nach dessen strengen Auflagen gezüchtet worden und sind deshalb keine „schlechten" Hunde. Sie sind ebenfalls unter optimalen Bedingungen von ihrem Züchter großgezogen und gefördert worden. Es sind Hunde, die aus den verschiedensten Gründen nicht mehr in ihren ursprünglichen Familien bleiben können, sei es durch eine schwere Krankheit des Besitzers, durch einen Todesfall oder häufig durch die Ehescheidung der Besitzer.

Woran erkennt man den richtigen Züchter?

Wenn Sie sich dafür entschieden haben, ein Labi-Welpe soll es sein, sollten Sie sich rechtzeitig darum kümmern, den richtigen Züchter zu finden. Da der Labrador Retriever zu einer äußerst beliebten Hunderasse geworden ist, gibt es leider auch eine Reihe unseriöser „Hundevermehrer", die **39** bei der Auswahl der Zuchttiere nicht unbedingt darauf achten, dass es sich dabei wirklich um gesunde Tiere mit einer guten der Rasse entsprechenden Erbanlage handelt.

Eine Auswahl an guten Züchtern – sicherlich auch bei Ihnen in der Nähe – finden Sie durch die entsprechenden Verbände: Auf ihren Homepages werden Listen der Züchter und der zurzeit verfügbaren Welpen veröffentlich. Die Züchter, die in diesen beiden Verbänden züchten, unterwerfen sich einem strengen Zuchtreglement, das heißt, die Zuchtstätte, die Zuchttiere und die Welpen werden von den Zuchtwarten der jeweiligen Verbände kontrolliert.

!

Achtung – kein „Sonderangebot" kaufen!

Kaufen Sie niemals einen Labrador Retriever von einem Tierhändler oder einem sogenannten Vermehrer, auch wenn das „billige Angebot" noch so verlockend sein sollte. Vielfach werden falsch geprägte und schlecht oder gar nicht sozialisierte Welpen angeboten, die oft häufig viel zu früh von ihrer Mutter weggenommen wurden. Auch werden die Hundemütter oft als „Gebärmaschinen" missbraucht und bei jeder Läufigkeit wieder neu belegt, sodass sie ständig trächtig sind und Welpen großziehen müssen.

Bei Welpen, die unter derart schlechten Voraussetzungen geboren und großgezogen werden, darf man sich dann nicht wundern, wenn die Tierarztrechnungen den Kaufpreis eines Welpen aus kontrollierter und seriöser Zucht um ein Vielfaches übersteigen – von den Verhaltensstörungen und Wesensmängeln, die solch arme Geschöpfe oft entwickeln, ganz zu schweigen.

Sie sollten immer hellhörig werden, wenn Sie bei einem Besuch beim „Züchter" die Mutterhündin nicht sehen können oder Ihnen eine Hündin vorgestellt wird, der man gar nicht ansieht, dass sie gerade Welpen hat. Eine Hündin, die einen Wurf aufzieht, hat zum Beispiel immer ein vergrößertes, mit Milch gefülltes Gesäuge. Auch die Aussage, dass die Mutter gerade von ihren Welpen getrennt werden muss, sollte man mit einem kritischen „Warum?" hinterfragen. Ein seriöser Züchter wird Ihnen diesen Sachverhalt sicherlich fundiert erklären können.

Auch wenn man Ihnen anbietet, den Welpen zu Ihnen nach Hause zu bringen oder womöglich die Übergabe an einer Autobahnraststätte oder irgendeinem Parkplatz vorschlägt, nehmen Sie von solch einem „zweifelhaften Geschäft" Abstand. Ein solider Züchter wird niemals einen seiner heißgeliebten Welpen unter solchen Bedingungen abgeben. Solche Machenschaften dürfen schon aus Gründen des Tierschutzes in keiner Weise unterstützt werden.

Der Züchter

Bevor der angehende Züchter mit der Labradorzucht beginnen darf, muss er eine gewisse Zeit Mitglied im jeweiligen Zuchtverband sein. Weiterhin muss er Züchterseminare besuchen und die Abschlussprüfung selbstverständlich auch bestehen.

Die Zuchtstätte

Die Zuchtstätte, das heißt, die Räumlichkeiten, in denen die Welpen geboren und großgezogen werden, müssen bestimmte Voraussetzungen zum Beispiel in Bezug auf Größe, Heizung, Helligkeit, leicht zu reinigenden Bodenbelag und so weiter erfüllen. Das wird vor dem ersten Zuchtgeschehen von einem Zuchtwart kontrolliert und dokumentiert.

So sieht es bei einem guten Züchter aus: eine gesunde, ausgeglichene Hündin mit ihren Welpen in einer sauberen Wurfkiste.

Die Zuchthündin

Die Zuchthündin muss mindestens 20 Monate alt sein und einen Wesenstest (siehe S. 80) bestanden haben. Ebenso muss sie eine Formwertbeurteilung von einem zugelassenen Formwertrichter des Verbandes erhalten haben, damit sichergestellt ist, dass die Hündin dem gültigen Rassestandard entspricht. Die Gesundheitsuntersuchung umfasst eine Röntgenuntersuchung auf Hüftgelenkdysplasie und Ellenbogengelenkdysplasie. Das Ergebnis dieser beiden Untersuchungen muss im zuchtfähigen Bereich liegen und die Röntgenaufnahmen müssen von einem Gutachter des LCD bzw. DRC ausgewertet werden. Eine Augenuntersuchung auf vererblichen Katarakt, Retinadysplasie und Progressive Retinatrophie muss jedes Jahr durchgeführt werden und natürlich als „ohne Befund" oder „frei" beurteilt werden. Diese Augenuntersuchungen dürfen nur von vom Verband anerkannten und zugelassenen Tierärzten durchgeführt werden. Nähere Informationen finden Sie auch im Kapitel „Die häufigsten Erkrankungen".

Außerdem muss von der Zuchthündin noch ein DNA-Profil erstellt werden, damit ihre späteren Nachkommen ihr immer zweifelsfrei zugeordnet werden können. Dann gibt es noch eine Reihe genetischer Untersuchungen, die teils durchgeführt werden müssen bzw. auf freiwilliger Basis durchgeführt werden können.

Eine Zuchthündin scheidet mit dem vollendeten 8. Lebensjahr aus der Zucht aus. Diese Regelung ist mit Sicherheit sehr sinnvoll, da Trächtigkeit, **41**

Geburt und Welpenaufzucht für eine Hündin doch mit großen Anstrengungen verbunden sind und mit fortschreitendem Alter die gesundheitlichen Risiken während der Trächtigkeit und Geburt für die Hundemutter und ihre Welpen zunehmen.

Der Zuchtrüde

Der Zuchtrüde, auch Deckrüde genannt, muss selbstverständlich die gleichen Voraussetzungen erfüllen, was die Gesundheit, die Formwertbeurteilung und den Wesenstest betrifft, die schon bei der Zuchthündin beschrieben wurden. Für ihn besteht allerdings keine Altersgrenze wie bei einer Hündin. In der Regel ist es auch nach dem 8. Lebensjahr noch im Zuchteinsatz.

Alle hier beschriebenen Voraussetzungen – und noch einige mehr – müssen erfüllt werden, wenn man vom VDH bzw. von der FCI anerkannt und im LCD oder DRC Labrador Retriever züchten möchte. Die genauen Zuchtbestimmungen regelt die sogenannte Zuchtordnung, des jeweiligen Rasseclubs, die vom Züchter genauestens einzuhalten ist.

Sie können davon ausgehen, dass Sie ein Hundekind aus einer kompetenten, liebevollen und kontrollierten Aufzucht erhalten, wenn Sie Ihren Welpen von einem Züchter aus einem der beiden Zuchtverbände bekommen.

Die Formwertbeurteilung

Beide Zuchtpartner, sowohl der Rüde als auch die Hündin, benötigen für die Zulassung zur Zucht eine Formwertbeurteilung, die nur von einem ausgebildeten und von den beiden Zuchtverbänden anerkannten Formwertrichter durchgeführt werden darf. Hunde, die zur Formwertbeurteilung vorgestellt werden, müssen ein Mindestalter von 15 Monaten aufweisen. Die Formwertnote setzt sich aus mehreren Einzelbewertungen zusammen, das heißt Gangwerk, Gebäude, Kopf, Fell und Ausstrahlung des Hundes werden begutachtet. Bei dieser Formwertbeurteilung muss ein Labrador Retriever mindestens die Note „sehr gut" erhalten, damit er in der Zucht eingesetzt werden darf. Die beste Note ist ein „vorzüglich". Die Note „gut" schließt eine Zuchtzulassung aus.

Die Welpen

Die Welpen müssen vor der Abgabe an ihre neuen Familien eine Grundimmunisierung und einen Mikrochip vom Tierarzt erhalten, ebenso eine tierärztliche Untersuchung. Außerdem werden sie mehrmals entwurmt, und zwar gegen verschiedene Wurmarten und Einzeller, in der Regel ab der 2. Lebenswoche alle 14 Tage bis zur Abgabe in der 8. bis 10. Lebenswoche.

Die Welpen werden vor Abgabe durch einen Zuchtwart des LCD oder DRC begutachtet, ebenso die Mutterhündin und alle weiteren im Haushalt des Züchters lebenden Hunde. Der Zuchtwart erstellt einen Wurfabnahmebericht, den jeder Welpenkäufer in Kopieform vom Züchter erhalten muss. Ferner bekommt jeder Welpenkäufer eine Ahnentafel des jeweiligen Zuchtverbandes und einen blauen EU-Heimtierausweis für sein neues Familienmitglied.

Der erste Kontakt

Wenn Sie jetzt in Ihrer Nähe den passenden Züchter gefunden haben, ist es wichtig, dass Sie sich rechtzeitig mit ihm in Verbindung setzen, denn es stehen nicht das ganze Jahr über Welpen zur Verfügung. Die meisten Züchter haben nur ein- bis höchstens zweimal im Jahr einen Wurf. Vielleicht nehmen Sie auch gleich mit mehreren Züchtern Kontakt auf.

In der Regel möchte der Züchter die zukünftigen Familien für seine Welpen schon frühzeitig kennenlernen, denn er wird sicher darauf Wert legen, dass sich zwischen den

In der Regel dürfen Sie die Welpen ab einem Alter von fünf Wochen besuchen. Ist das hier vielleicht schon der Richtige?

Welpeninteressenten und ihm ein gutes Verhältnis entwickelt, damit er ihnen beruhigt einen seiner Welpen anvertrauen kann.

Vielleicht ist es möglich, die Züchterfamilie schon zu besuchen, bevor die Welpen geboren sind, um auch die erwachsenen Hunde und natürlich die zukünftige Mutter der Welpen kennenzulernen. Man kann diesen Besuch auch nutzen, Fragen, die einem wichtig sind, zu stellen. Der Züchter wird Ihnen sicher gern offen und ehrlich antworten, aber er erwartet im Gegenzug auch von Ihnen absolute Ehrlichkeit. Genauso, wie Sie jede Frage stellen können und eine kompetente und ehrliche Antwort erwarten können, ist es im umgekehrten Fall auch.

Die Auswahl des passenden Welpen

Bei der Wahl des richtigen Welpen kommt es immer darauf an, welche Aufgaben der Hund später einmal erfüllen soll: Soll er jagdlich ausgebildet werden oder soll er ein reiner Familienhund sein? Lassen Sie dabei aber bitte nicht außer Acht, dass auch ein Familienhund eine ausreichende **43**

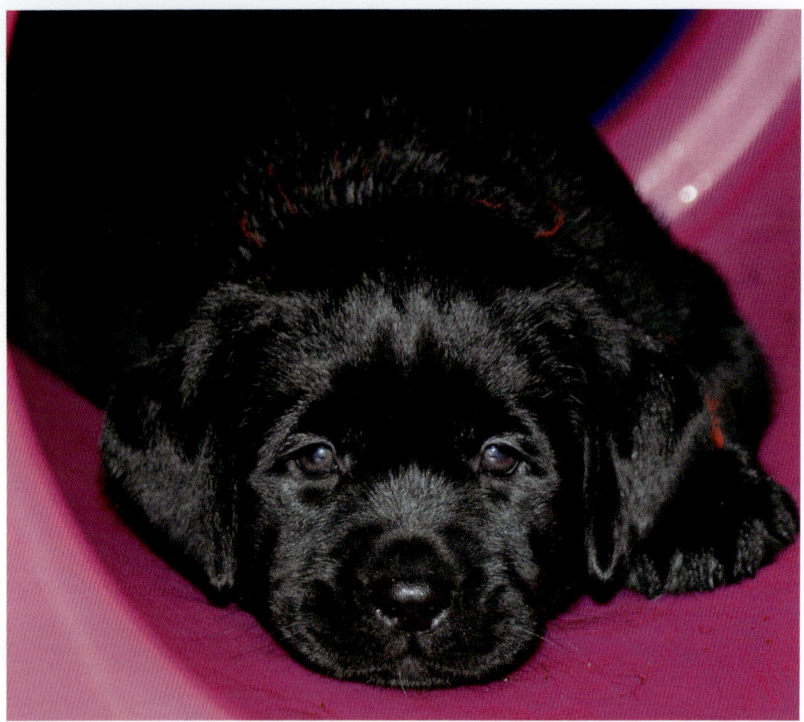

Je mehr Erfahrung der Welpe schon bei seinem Züchter gemacht hat, umso gelassener wird er sich im neuen Zuhause verhalten.

und für seine Veranlagung passende Beschäftigung braucht. Möchten Sie mit Ihrem Hund Ausstellungen besuchen oder soll er vielleicht zum Therapiebegleithund oder zum Rettungshund ausgebildet werden? Eventuell steht auch Dummy-Arbeit auf Ihrer Wunschliste.

Es gibt so viele Möglichkeiten und Kriterien, nach denen man einen Welpen aussuchen kann. Daher würde ich mich dabei aber immer auf die Beratung „meines" Züchters verlassen. Er hat seine Welpen acht Wochen lang jeden Tag 24 Stunden um sich, er kennt jeden Einzelnen genau und kann mit Sicherheit bei jedem seiner Hundekinder über deren Eigenschaften Auskunft geben. Er wird sicher sehr gut beurteilen können, welcher Welpe in welche Familie am besten passt.

Fragen Sie Ihren Züchter, wann Sie die Welpen das erste Mal besuchen dürfen. Manche Züchter empfangen Sie schon gern in den ersten Wochen, andere gestatten einen Besuch ihrer Welpen erst ab der 5. Lebenswoche, um möglichen Krankheitsübertragungen vorzubeugen, weil das Immunsystem der Kleinen erst einmal richtig aufgebaut werden muss.

Rüde oder Hündin?

Es stellt sich dann noch die Frage: Rüde oder Hündin? Jedes Geschlecht hat seine Vor- und Nachteile und man muss sich bei der Anschaffung eines Welpen bewusst sein, dass man ein Lebewesen mit all seinen Wesensmerkmalen, seinen Stärken und auch seinen Schwächen, egal ob Rüde oder Hündin, für ein Hundeleben lang in seine Familie holt.

Ein Rüde ist vom Körperbau her etwas kräftiger und größer als eine Hündin. Er hat einen ausdrucksstärkeren Kopf und wird vom Gewicht auch einige Kilogramm schwerer sein als eine Hündin. Bei einem Rüden muss man bei der Erziehung noch mehr auf die nötige Konsequenz achten. Er wird zwar nicht läufig, aber die gut riechenden Hundedamen können ihn schon ganz schön aus dem „Häuschen" bringen und da ist dann eine solide Erziehung mit entsprechender guter Unterordnungsbereitschaft mehr als dringend notwendig.

Eine Hündin hat einen etwas zierlicheren Körperbau und wird auch nicht ganz so groß wie ein Rüde. Sie hat normalerweise einen etwas schmaleren Kopf und ihr Gewicht wird auch einige Kilogramm unter dem des Rüden liegen. Bei der Erziehung sollte natürlich auch auf eine gute Unterordnungsbereitschaft Wert gelegt werden, denn umso entspannter gestaltet sich dann das Zusammenleben zwischen Hund und Mensch.

Beachten Sie auch, dass eine Hündin zweimal im Jahr, ungefähr alle sechs Monate, in „Hitze kommt", also läufig wird. Das heißt, man ist gut beraten, seine Hündin zweimal im Jahr während ihrer Läufigkeit sehr gut zu beaufsichtigen und in den Tagen der Standhitze nur angeleint zu führen, wenn man keinen unerwünschten Nachwuchs möchte.

Diese grundsätzlichen Überlegungen sind sehr wichtig. Sie sollten sich auf jeden Fall über das Für und Wider der Geschlechter im Klaren sein, bevor Sie sich so ein Paket wild entschlossener „Menschenliebe" ins Haus holen.

Ein Rüde ist nicht nur kräftiger gebaut als eine Hündin, bei ihm muss man auch noch mehr auf eine konsequente Erziehung achten.

Der Welpentest

Wenn Sie sich bei der Auswahl des Welpen noch nicht so sicher sind, kann auch ein sogenannter Welpentest zur richtigen Entscheidung beitragen. Fragen Sie Ihren Züchter, ob er solch einen Test schon durchgeführt hat.

Sie können sich beim nächsten Besuch aber auch selbst ein Bild davon machen, wie sich wohl die Welpen entwickeln werden. Denn so ein klei- **45** ner Wesenstest gibt schon einen gewissen Aufschluss über Charakter und Wesenszüge des Welpen oder darüber, ob er später eher der draufgängerische, schüchterne oder ausgeglichene Typ wird.

Im Folgenden finden Sie einige Anregungen, wie Sie durch Beobachten und kleine Übungen herausfinden können, welcher wohl der passende Welpe für Sie sein könnte.

- Ideal ist es, wenn dieser Test in einer für den Welpen noch ungewohnten Umgebung stattfindet. So erkennt man gleich, wie er auf neue Eindrücke reagiert.
- Zuerst wird überprüft, wie das Interesse an fremden Menschen ist. Sie sind ja für ihn noch ein Fremder. Setzen Sie den Welpen ab, entfernen sich von ihm und versuchen dann, ihn zu sich zu locken. Folgt er Ihnen, kann man annehmen, dass er eher neugierig und aufgeschlossen als schüchtern ist.
- In einem zweiten Schritt entfernen Sie sich erneut, locken ihn aber nicht. Bleibt er abwartend zurück und erweist sich so als eher vorsichtig oder springt er auf und rennt hinterher? Letzteres könnte man eher als draufgängerisches Verhalten interpretieren.
- Nun können Sie herausfinden, wie apportierfreudig der Welpe ist. Werfen Sie einfach ein kleines Spielzeug weg und beobachten Sie, ob der Welpe hinterherläuft und es vielleicht sogar aufnimmt und herumträgt.
- Schließlich können Sie noch testen, wie es um das Dominanzgebaren des Welpen steht. Nehmen Sie den Welpen auf den Schoß, rollen ihn auf die Seite und legen ihn dann auf den Rücken. Jetzt warten Sie ab, wie der kleine Labi reagiert: Bleibt er ruhig und friedlich oder beginnt er zu zappeln und möchte wieder schnell aus dieser Position heraus? Zeigt er die zweite Reaktion, neigt er zu einem etwas forscheren Verhalten.

Sicherlich ist solch ein Test nicht ausschlaggebend für die Auswahl des passenden Welpen. Er kann aber eine Anregung dafür sein, wie man sich vor dem Kauf mit dem Welpen beschäftigt. Denn schließlich müssen sich ja beide ein wenig beschnuppern können. Letztendlich spielen noch viele andere Faktoren und natürlich der Rat des erfahrenen Züchters eine ausschlaggebende Rolle bei der Auswahl.

Der Welpentest sollte wie hier in einer für die Kleinen ungewohnten Umgebung stattfinden, um festzustellen, wie sie auf neue Eindrücke reagieren.

Bei allen meinen Würfen habe ich bisher in der 6. Lebenswoche mit den Welpen solch einen Welpentest durchgeführt und habe die Erfahrung gemacht, dass es einem die Entscheidung darüber, welchen Welpen gebe ich in welche Familie ab, ungemein erleichtert. Meine Entscheidungen, die ich bisher getroffen habe, waren auch immer richtig, was mir von meinen Welpenkäufern bestätigt wurde.

Aber trotzdem muss man immer bedenken: Auch der Welpentest ist, wie alle anderen Tests und Prüfungen, nur eine Momentaufnahme und spiegelt nur das Verhalten des Welpen an diesem Tag unter den gegebenen Bedingungen wider und ist auch immer von der jeweiligen Tagesform des Welpen abhängig.

Der Labi als Zweithund

Da der Labrador Retriever seinen Artgenossen in der Regel sehr positiv gegenübersteht, eignet er sich natürlich wunderbar als Zweithund. Wenn es sich bei dem Ersthund dann auch noch um einen Labi handelt, ist sein Glück vollkommen. Da haben sich dann zwei gefunden, die auf der gleichen Wellenlänge liegen.

Da der Labrador Retriever beim Spiel mit anderen Hunden sehr gern mit viel Körpereinsatz agiert, das heißt, er rempelt sein Gegenüber schon mal heftig an, ist das für manchen Artgenossen schon etwas gewöhnungsbedürftig. Auch wesentlich kleinere und zartere Hunde sind vielleicht nicht unbedingt die richtigen Spielpartner für einen Labi. Das hängt aber sicherlich auch immer von den einzelnen Individuen ab.
Ich habe die Erfahrung gemacht, dass manche Hütehunde diese ungewohnte Tuchfühlung mit etwas Reserviertheit betrachten. Im Gegensatz dazu weiß der Labi manchmal nicht, was er davon halten soll, wenn er zum Beispiel von einem Border Collie so durchdringend angeschaut wird, dieses Anschauen (das typische „Auge") aber zum normalen Verhalten des Border Collies gehört. Aber da der Labi ein sehr lernfähiger und schlauer Hund ist, wird er sicher auch bald damit positiv umgehen können.

Auf jeden Fall sollten Sie bei der Anschaffung eines zweiten Hundes darauf achten, dass der Ersthund sehr gut erzogen ist und zuverlässig gehorcht. Ist dies nämlich nicht der Fall, hat man sehr schnell zwei Hunde, die unerzogen sind und machen, was sie wollen. Denn Ihr Zweithund wird sich immer an seinem Artgenossen, in dem Fall am Ersthund, orientieren und nichts lernt man einfacher als irgendeinen Blödsinn. Jagt Ihr erster Hund beim Spaziergang über die Felder Hasen, wird sich das Verhalten Ihr Zweithund abschauen und Sie haben sehr schnell zwei Hunde, die unerlaubt auf die Jagd gehen.

Auch würde ich mit dem Zweithund in der ersten Zeit häufig allein, ohne den Ersthund, Spaziergänge unternehmen, das erleichtert dem Zweithund den Bindungsaufbau zu Ihnen.

47

Erst wenn der Zweithund eine starke Bindung zu Ihnen aufgebaut hat, ist es an der Zeit, dass Sie die gemeinsamen Spaziergänge im Rudel genießen können.

Sollte der zweite Hund ein Welpe sein, ist es sowieso ratsam, die Spaziergänge meistens getrennt zu unternehmen, da ja ein Welpe noch nicht so weite Strecken und so lange laufen soll, wie es bei einem erwachsenen Hund üblich ist. Auch die Übungseinheiten, die man mit einem Welpen während des Spaziergangs absolvieren sollte, verlaufen störungsfreier, wenn die Ablenkung durch die Anwesenheit des älteren Hundes nicht gegeben ist. Achten Sie auch darauf, dass der erwachsene Hund nicht allzu sehr mit dem Welpen herumtobt, um die noch weichen Gelenke des Welpen zu schonen und nicht über Gebühr zu belasten.

Ein Labi eignet sich wunderbar als Zweithund. Im Idealfall kommt zu einem gut erzogenen, schon erwachsenen Labi ein Welpe derselben Rasse dazu.

Der Labi zieht ein

Bevor Ihr Labi-Baby bei Ihnen einziehen kann, müssen unbedingt Haus und Garten „welpensicher" gemacht werden. Denn Ihr kleiner Vierbeiner hat noch nicht gelernt, was er darf und was er nicht darf, und vor allem weiß er nicht, was für ihn gefährlich sein kann, wo Verletzungsgefahr besteht oder was sogar für ihn giftig ist, wenn man daran herumnagt.

Der labisichere Garten

Der Garten muss mit einem entsprechenden Zaun, zum Beispiel aus Holz oder Metall in angemessener Höhe (mindestens 1 Meter bis 1,50 Meter hoch) eingefriedet werden. Ein Garten ohne Zaun und Hundehaltung schließen sich gegenseitig aus. Sie möchten sicher nicht Ihren Labi mehrmals am Tag in der ganzen Nachbarschaft suchen müssen, denn das würde unweigerlich passieren, wenn er ohne Gartenzaun im Garten wäre.

Bevor der kleine Vierbeiner bei Ihnen einzieht, sollte der Garten labisicher sein.

Hunde – und vor allem ein Labi – sind, egal ob jung, erwachsen oder schon älter, neugierig und gehen auf Entdeckungsreise, wenn kein Gartenzaun sie davon abhält. Auch müssen alle Familienmitglieder darauf achten, dass die Gartentür immer geschlossen ist. Der beste und höchste Gartenzaun ist sinnlos, wenn das Gartentor ständig offen steht.

Die Pflanzen, die im Garten wachsen, sollten auch etwas kritisch betrachtet werden. Es gibt einige für Hunde giftige Pflanzen wie zum Beispiel Efeu, Eibe, Fingerhut, Eisenhut, um nur einige zu nennen. Insbesondere Welpen neigen dazu, Pflanzen oder Pflanzenteile zu zerkauen oder auch zu verspeisen.

Je nach Art der aufgenommenen Pflanze kommt es dann oft zu nicht unerheblichen Vergiftungserscheinungen, die für einen Welpen sehr schnell lebensbedrohlich werden können. Es ist sicher sinnvoll, sich vorher zu informieren, welche Pflanzen im Garten giftig sind, damit man da ein besonderes Auge darauf werfen kann, falls sich das Hundekind mit diesen Gewächsen näher beschäftigen möchte.

Das sollte von Ihrer Seite aus von Anfang an mit einem strengen „Nein" oder „Lass" kommentiert werden, damit Ihr Labi gleich lernt, dass Gartenpflanzen nicht auf den Speiseplan gehören.

49

Gartenteiche haben für kleine Labis, aber auch für die großen eine besondere Anziehungskraft. Am besten sichert man sie mit einer stabilen Umzäunung. Oft sind die Uferböschungen bei Gartenteichen ziemlich steil und ein Welpe würde möglicherweise nicht mehr aus eigener Kraft aus dem Teich herauskommen. Ebenso verfährt man am besten auch mit einem Swimmingpool, wenn der Welpe möglicherweise ungehinderten Zugang zu diesem hätte.

Auch Außentreppen müssen gesichert werden, damit der Welpe zum Beispiel die Treppe zum Keller nicht hinunterfallen kann oder – wenn er schon etwas älter ist – er zwar schon Treppen steigen kann, diese aber aus Gründen der Gelenkschonung noch nicht häufig gehen soll.

Erwähnenswert wäre da noch der heimische Swimmingpool im Garten, wenn ein Labi sich ohne Aufsicht im Garten aufhält. Springt er in den Pool und hat keine Ausstiegsmöglichkeit, weil die Leiter nicht da ist oder er nicht gelernt hat, über die Poolleiter wieder herauszusteigen, besteht die Gefahr, dass er nicht mehr aus dem Becken herauskommt und je nachdem, wie lange er dann im Pool schwimmen muss, bis jemand kommt und ihn befreit, durch Erschöpfung ertrinken würde. Wenn Sie der glückliche Besitzer eines Pools und eines Labis sind, wäre die Anschaffung einer Treppe für den Pool sicher sinnvoll und für Ihren Hund ein Mehr an Sicherheit.

Sicherheitsmaßnahmen im Haus

Wenn der Welpe angekommen ist, sollten anfangs alle für ihn gefährlichen Gegenstände welpensicher verstaut werden.

Im Haus ist es ebenso wichtig Treppenauf- und -abgänge mit einem Türchen zu sichern, und zwar ebenfalls um einem Sturz vorzubeugen bzw. die Gelenke des noch jungen Hundes zu schonen. Sollten Ihre Treppenstufen aus Holz sein, das bekanntlich ja sehr glatt ist, wäre es grundsätzlich zu überlegen, ob Sie auf den Holzstufen Teppichstücke verlegen (gibt es bereits vorgefertigt im Handel), denn auch erwachsene Hunde gehen auf glatten Treppen sehr ungern. Außerdem reduzieren Sie dadurch erheblich das Risiko, dass Ihr Hund auf den Treppen ausrutscht und sich verletzt.

Bei sehr glatten Bodenbelägen im Wohnbereich wäre zu überlegen, ob Sie für einige Zeit ein paar Teppiche auslegen, damit Ihr Welpe nicht ständig ausrutscht oder beim Laufen wegrutscht.

Freiliegende Kabel im Wohnbereich sollten Sie entweder in der Versenkung verschwinden lassen oder so beaufsichtigen können, dass – wenn Ihr Hundekind auf Entdeckungstour ist und sich damit beschäftigen will – Sie sofort erzieherisch eingreifen können.

Die Schuhe der Familienmitglieder sind in den meisten Fällen auch sehr gefährdet, vom Welpen zerkaut zu werden. Stellen Sie die Schuhe am besten immer in den Schuhschrank.

Zimmerpflanzen, wenn sie auf dem Boden stehen oder sonst irgendwie in Reichweite des Welpen sind, werden unter Umständen von Ihrem kleinen Botaniker bearbeitet. Dabei sollte man bedenken, dass auch viele Zimmerpflanzen für Hunde giftig sind.

Spielsachen der Kinder, insbesondere Stofftiere oder Kleinteile aus Plastik oder Karton, die auf dem Boden herumliegen, fallen möglicherweise den Welpenzähnen zum Opfer, wenn sie nicht vorher weggeräumt werden.

Tischdecken, die über die Tischkanten herunterhängen, wirken sehr verlockend auf Welpen. Man kann ja mal daran ziehen und sehen, was passiert.

Grundsätzlich sollte man Dinge, die der Welpe nicht haben darf oder die auch gefährlich für ihn werden können, wie zum Beispiel Medikamente, Putzmittel, Batterien und vieles mehr, einfach wegräumen.

Natürlich kann und soll man nicht alles wegräumen, weil das Labi-Kind ja auch lernen muss, gewisse Dinge einfach liegen bzw. stehen zu lassen. Aber in diesem Fall sind dann wieder die Aufsichtsperson und ihr erzieherisches Eingreifen gefordert. Denn auch die Fernbedienung des Fernsehers, Telefone oder Handys sind sehr beliebte Gegenstände, mit denen sich Ihr Welpe gern beschäftigen wird, wenn er sie zu fassen bekommt.

Die Ausstattung für das neue Familienmitglied

Bevor Ihr Welpe bei Ihnen einzieht, müssen Sie natürlich das notwendige Zubehör, sozusagen die Erstausstattung für Ihren Labi besorgt haben. Hierzu gehören:

- Futter- und Wassernapf: Sie werden aus Kunststoff oder aus Edelstahl angeboten. Die Näpfe aus Metall sind zwar teurer, aber wesentlich robuster und langlebiger. Wenn sie mit einem Gummiring an der Unterseite ausgestattet sind, haben sie bessere Bodenfestigkeit und verrutschen auch auf glattem Untergrund nicht so schnell.
- Hundebett: Als Schlafunterlage für Ihren Labi gibt es sehr viele verschiedene im Handel angebotene Varianten. Näheres dazu finden Sie im nächsten Kapitel.
- Halsband oder Geschirr und Leine: Näheres finden Sie hierzu auf S. 60.
- Spielzeug: Beim Spielzeug sollten Sie darauf achten, dass sowohl die kleinen Welpenzähne als auch später die Zähne des erwachsenen Hun-

des keinen Schaden nehmen. Ideal sind Spieltaue mit Knoten oder weiche Spielzeuge in verschiedenen Formen mit oder ohne Seil. Der Fachhandel bietet hier eine große Auswahl.

- Dummy: Speziell für Welpen gibt es kleine Dummys, die nur 200 g wiegen. Mit ihnen können Sie Ihren Labi schon von klein auf an das richtige Apportieren heranführen. Später gehören zur Ausstattung dann natürlich noch größere und schwerere Dummys aus verschiedenen Materialien und auch eine schwimmende Variante für die Wasserarbeit.
- Bürste für die Haarpflege: Obwohl ein Labi keine besondere Fellpflege erfordert, gehört eine weiche Bürste oder eine Gumminoppenbürste zu der Ausstattung, um abgestorbenes Haar, besonders nach dem Fellwechsel, zu entfernen und die Durchblutung anzuregen.
- Zeckenzange und Flohkamm: Diese Utensilien sollten Sie immer griffbereit haben, um Zecken richtig entfernen zu können und das Fell – falls erforderlich – nach Flöhen oder deren Spuren zu untersuchen. Mit einem Flohkamm lässt sich auch abgestorbene Unterwolle entfernen.
- Für die Autofahrt Hunde-Sicherheitsgurt oder Transportbox: Für einen sicheren Transport im Auto muss der Hund entweder mit Geschirr und einem speziellen Gurt auf der Rücksitzbank gesichert werden oder – was noch besser ist – in einer verschließbaren und idealerweise im Heck eines Kombis fixierten Transportbox untergebracht sein. Solch eine Transportbox ist insofern praktisch, da sie auch im Haus als Zimmerkennel genutzt werden kann.

Falls keine Transportbox zur Verfügung steht, sollte der Welpe mithilfe eines gut sitzenden Geschirrs im Auto gesichert werden.

Formalitäten

Auch wenn ein neues vierbeiniges Familienmitglied ins Haus kommt, müssen Sie auf einige Formalitäten achten. Sie brauchen zwar für Ihren Labi keinen Personalausweis zu beantragen, aber spätestens, wenn er drei Monate alt ist, müssen Sie ihn trotzdem bei Ihrer Gemeinde anmelden und sind verpflichtet, Hundesteuer zu entrichten. Hierfür bekommen Sie die sogenannte Steuermarke, die der Hund am Halsband tragen sollte oder die Sie zumindest immer mitführen sollten, wenn Sie mit Ihrem Hund unterwegs sind. Befreit von der Hundesteuer sind nur Blindenführhunde oder zum Beispiel Hunde, die bei Anwesen in Alleinlage und in ganz entlegenen Gegenden als reine Wachhunde dienen.

Ebenso sollten Sie rechtzeitig eine Hundehaftpflichtversicherung abschließen. Einerseits ist eine Versicherung ohnehin häufig Voraussetzung, wenn Sie mir Ihrem Vierbeiner an einem Erziehungskurs oder bei einem Wettkampf oder einer Prüfung teilnehmen wollen. Andererseits ist und bleibt Ihr Labi, auch wenn er noch so brav und gut erzogen ist, ein Tier, dessen Verhaltensweise nicht immer völlig berechenbar bzw. beeinflussbar ist. Ihr Liebling braucht nur, weil er seine Angebetete oder seinen Rivalen auf der anderen Straßenseite vor Ihnen entdeckt hat, kopflos über die Straße rennen und schon kann ein schlimmer Unfall, bei dem auch andere Personen zu Schaden kommen können, entstehen. Es reicht aber auch schon aus, wenn Ihr Labi vor lauter Freude am nächsten Besucher so hochspringt, dass dessen Kleidung einen unschönen Riss bekommt und Sie für den Schaden aufkommen müssen. Dann sind sie dankbar, dass Sie eine Versicherung abgeschlossen haben. Hundehaftpflichtversicherungen werden von fast allen Versicherungen angeboten und sind erschwinglich. Es gibt sogar Unternehmen, die sich auf Tierhalterversicherungen spezialisiert haben. Denken Sie daran, falls Sie mehr als einen Hund besitzen, dies bei der Versicherung anzugeben, damit sie auch im Schadensfall dafür aufkommt. Häufig ist die Versicherung für ein oder zwei Hunde sogar identisch im Preis.

Da die früher übliche Tätowierungsnummer zur Identifizierung von Hunden allmählich durch den implantierten Mikrochip ersetzt wird, lässt sich jeder Hund, der einen Chip bekommen hat, eindeutig mit einem entsprechenden Lesegerät identifizieren – und zwar weltweit. Das hat den Vorteil, dass ein Hund, auch wenn er zum Beispiel im Urlaub verloren geht, innerhalb kürzester Zeit wieder an seinen Besitzer zurückvermittelt werden kann. Voraussetzung dafür ist, dass der Hund beim Haustierzentralregister (TASSO e. V., Adresse siehe Anhang) gemeldet wird. Diese Registrierung ist kostenlos. Der Verein wird nur

> Hunde, die im LCD oder DRC gezüchtet werden, werden seit dem 1. Januar 2002 mit einem Mikrochip gekennzeichnet. Ebenso melden viele Züchter der beiden Retrieververbände ihre Welpen beim Haustierzentralregister (TASSO e. V.) an, bevor die Welpen bei ihren neuen Familien einziehen.

durch Spenden finanziert. Sie müssen dort nur die Mikrochipnummer sowie Angaben zu Rasse, Namen und Aussehen Ihres Hundes sowie Ihre Kontaktdaten und Telefonnummer, unter der man Sie im Notfall erreichen kann, angeben. Sie erhalten dann eine Bestätigung und einen Anhänger für das Halsband, der ähnlich aussieht wie eine Steuermarke und auf dem die Notfall-Telefonnumer vom Haustierzentralregister sowie die **53**

Kennnummer des Hundes stehen. Trägt der Hund diese Marke und geht verloren, kann derjenige, der ihn findet, sofort beim Haustierzentralregister anrufen und Sie anhand der Nummer des Hundes per Telefon ausfindig machen. Ein toller Service, der schon viele Hunde und Katzen zu verdanken haben, dass sie schnell wieder nach Hause gelangen konnten.

Achten Sie darauf, dass Ihr Labi, auch wenn Sie sonst die Moxonleine bevorzugen, im Urlaub oder in fremden Gegenden, wo er frei laufen darf, ein Halsband mit der TASSO-Marke trägt, damit er schnell zu identifizieren ist. Ansonsten muss er zunächst zu einem Tierheim oder Tierarzt gebracht werden, der das entsprechende Lesegerät besitzt und mit der festgestellten Mikrochipnummer versuchen kann, den Besitzer ausfindig zu machen.

Futter- und Schlafplatz

Wenn Sie Haus und Garten welpensicher gemacht haben, müssen Sie sich jetzt noch darum kümmern, wo Ihr neues Familienmitglied gefüttert werden soll und wo der passende Schlafplatz sein wird.

Gefüttert werden sollte Ihr Labi immer an derselben Stelle. Hier müssen zwei Näpfe nebeneinander Platz haben. Zur Futterstelle gehören ein Futternapf, der nur zum Zeitpunkt der Fütterung gefüllt wird, und ein

Ein kuscheliger Schlafplatz und weiches Spielzeug gehören zur Grundausstattung für den Welpen.

Wassernapf, der ständig mit frischem Wasser befüllt sein muss. Es bietet sich an, den Futterplatz in der Küche einzurichten, da dort auch meistens der Boden leicht zu reinigen ist. Denn es kann mitunter schon mal passieren, dass beim Fressen ein paar Futterbrocken aus dem Napf fallen, die der Hund dann am Schluss sicherlich einsammeln wird, aber trotzdem einige Spuren auf dem Küchenboden zurückbleiben. Ebenso beim Schlabbern des Wassers kann es vorkommen, dass der Boden um den Napf herum etwas nass wird. Wenn man dann diese Spuren mit einem feuchten Lappen einfach nur wegwischen kann, ist das sicher von Vorteil.

Geeignete Schlafgelegenheiten werden im Fachhandel in großer Fülle angeboten. Es kann eine kuschelige Decke sein, die auf der Rückseite eine rutschfeste Beschichtung hat, damit sie auch auf glattem Boden nicht wegrutscht. Eine Liegeschale aus Kunststoff, die ebenfalls mit einer Kuscheldecke ausgestattet ist, eignet sich ebenso wie ein Kissen entsprechender Größe, das mit kleinen Styroporkugeln befüllt ist und dadurch sehr weich und bequem ist. Diese Kissen mögen Labis besonders gern.

Einen Hundekorb aus Weidengeflecht halte ich für einen Welpen als nicht empfehlenswert, weil die Kleinen in der Regel gern an dem Weidenholz nagen und dann aufgrund der zernagten Weidenruten Verletzungsgefahr bestehen kann.

Zu erwähnen wäre noch der Zimmerkennel, in dem Sie Ihren Welpen, solange er noch nicht zuverlässig stubenrein ist, nachts zum Schlafen unterbringen könnten.

Der Schlafplatz Ihres Welpen sollte sich an einer ruhigen, zugfreien Stelle im Wohnbereich befinden, wo sich Ihr Hundekind ungestört zu einem Nickerchen zurückziehen kann. Keinesfalls sollte er aber abseits vom Familiengeschehen liegen. Hunde beobachten das Familienleben gern auch mal von ihrem Schlafplatz aus.

Grundsätzlich würde ich aber einen Welpen in der ersten Zeit nachts mit ins Schlafzimmer nehmen, damit man sofort hört, wenn der Kleine unruhig wird und nach draußen muss, um sein Geschäft zu verrichten. Denn anfangs müssen die meisten Welpen mindestens einmal in der Nacht noch nach draußen gebracht werden, damit sie sich lösen können. Da leistet der oben erwähnte Zimmerkennel auch gute Dienste, denn Sie werden merken, wenn der Welpe unruhig wird. Da er aber in keinem Fall sein „Bett" beschmutzen möchte, wird er sehr schnell lernen, sich jedes Mal bemerkbar zu machen, wenn er nach draußen muss.

Auch das Auftreten massiver Verlassensängste kann man vermeiden, wenn man seinen Welpen nachts mit zu sich ins Schlafzimmer nimmt. Denn hierbei muss man bedenken, dass Hundewelpen, ebenso wie die Welpen der Wildhunde oder Wölfe, niemals allein sind oder allein gelassen werden, solange sie noch mit ihren Artgenossen im Familienverband zusammenleben. Da sind immer noch die Geschwister, Tanten und Onkel oder ältere Rudelmitglieder da, die den Welpen Gesellschaft leisten und sie auch beaufsichtigen.

Wenn Sie den Welpen abholen, nehmen Sie ihn auf den Arm und vermitteln ihm Ruhe und Sicherheit.

Nach einiger Zeit, wenn sich Ihr Welpe bei Ihnen eingelebt hat, können Sie, wenn Sie ihn nicht immer nachts im Schlafzimmer haben möchten, langsam daran gewöhnen, außerhalb des Schlafzimmers seine Nachtruhe zu verbringen. Das macht man am besten, indem man seinen Schlafplatz jeden Tag ein Stückchen mehr Richtung Schlafzimmertür verlegt, bis er irgendwann vor der Tür ist. So lernt Ihr Labi schrittweise, dass es überhaupt nicht schlimm ist, wenn er die Nacht nicht direkt neben Ihrem Bett verbringt. Schließlich wird der Schlafplatz an die geeignete Stelle verlagert, wo Ihr Labi in Zukunft seine Nacht verbringen soll.

Das Alleinsein und Alleinbleiben muss ein Welpe in kleinen Schritten lernen, um später einmal ohne Angst einige Stunden allein bleiben zu können. Wie das am besten erfolgt, wird später beschrieben (siehe S. 63).

Die Abholung

Alle notwendigen Vorbereitungen sind abgeschlossen. Sie haben eingekauft, damit Sie nicht gleich am ersten Tag, an dem Ihr Welpe bei Ihnen ist, einen Großeinkauf tätigen müssen. Wichtige Termine wie zum Beispiel Arztbesuche sind erledigt oder nach später verschoben. Sie haben also mindestens in den nächsten zwei Wochen uneingeschränkt Zeit für Ihr neues Familienmitglied? Dann kann es losgehen!

Endlich können Sie Ihren Labi-Welpen beim Züchter abholen. Am besten fahren Sie mit einer Begleitperson zum Züchter, damit einer den Welpen bei der Rückfahrt auf den Schoß nehmen kann. Neben Halsband und Leine nehmen Sie auch eine Decke mit, auf der Ihr Welpe bei der Autofahrt liegen kann. Ein Spielzeug oder ein Kauknochen zur Ablenkung während der Fahrt ist sicher eine gute Idee. Eine Flasche mit Wasser und ein Napf, damit Ihr Hundekind unterwegs die Möglichkeit hat, etwas zu trinken, ist nicht nur im Sommer bei heißen Temperaturen sinnvoll.

Der Welpe, auch wenn er im Idealfall die Fahrt mit dem Auto bereits schon beim Züchter kennengelernt hat, reagiert möglicherweise doch etwas unruhig auf dem Weg in sein neues Zuhause. Man muss bedenken, dass er seine zukünftigen Rudelmitglieder noch nicht so gut kennt, das Auto anders riecht und andere Geräusche macht wie das vom Züchter. Außerdem vermisst er seine Mutter und die Geschwister auf dieser für ihn ganz besonderen Fahrt. Wenn er also unruhig oder weinerlich ist, bedauern Sie ihn bitte nicht, sie würden sonst sein Verhalten bestätigen und er würde das Autofahren als negatives Erlebnis verknüpfen. Halten Sie ihn einfach ruhig auf dem Schoß und versuchen ihn, am besten mit einem Spielzeug oder einem Kauknochen, abzulenken. Er wird sicher nach wenigen Kilometern ruhiger und etwas müde werden und dann den größten Teil oder sogar den Rest der Fahrt verschlafen.

Je nachdem, wie lange die Heimfahrt dauert, kann es sein, dass er nach einiger Zeit wieder aufwacht und etwas unruhiger wird. Dann sollten Sie anhalten und mit Ihrem Welpen aussteigen. Lassen Sie ihn dabei aber aus Sicherheitsgründen auf alle Fälle an der Leine. Und verlassen Sie für diese Pause am besten die Autobahn oder die Hauptstraße und suchen sich ein Fleckchen in der freien Natur. Parkplätze an Autobahnen oder Bundesstraßen sind häufig voller Müll und Unrat und können daher schnell zu einem Infektionsherd werden für den kleinen Welpen, dessen Immunsystem noch nicht so stabil ist. Gehen Sie ein Stück mit ihm spazieren, vielleicht muss er ganz dringend sein Geschäft verrichten. Danach bieten Sie ihm etwas Wasser an. So gestärkt kann dann die Reise fortgesetzt werden. Wenn das Auto wieder fährt, wird er sicher bald einschlafen, denn Reisen ist ja so anstrengend.

Der erste Tag zu Hause

Zu Hause angekommen bringen Sie Ihr neues Familienmitglied am besten zuerst in den Garten oder tragen ihn zu dem Bereich, wo er auch später sein Geschäft verrichten kann. Der Welpe hat dann die Möglichkeit, sich erst einmal zu lösen, und kann gleich seine neue Umgebung erkunden. Wenn er sich gelöst hat, loben Sie ihn ausgiebig, fügen ein Wort als Bezeichnung für das Verrichten des Geschäftes hinzu und belohnen ihn mit einem Leckerchen. Er wird sich das gut merken und das nächste Mal klappt es mit dem Lösen sicher gleich noch besser.

Wenn der neue Familienzuwachs zu Hause angekommen ist, sollte er zunächst einmal den Garten erkunden dürfen, um sich auch lösen zu können.

Nach Beendigung der Erkundungstour draußen nehmen Sie ihn mit ins Haus. Dort lassen Sie ihn genauso wie vorher im Garten durch die verschiedenen Räume spazieren, damit er sich alles ansehen und beschnuppern kann. Zeigen Sie ihm den Platz, an dem sein Futter- und Wassernapf stehen, am besten in Verbindung mit der ersten Mahlzeit in seinem neuen Zuhause. Müde geworden durch die Entdeckungsreise in Haus und Garten, wird er sich sicher bald zum Ausruhen hinlegen wollen. Zeigen Sie ihm seinen Schlafplatz. Er wird ihn sicher gern aufsuchen, um ein kleines Schläfchen zu halten.

Der Labi lernt seinen Namen

Erstaunlicherweise lernt jeder Hund seinen Namen schnell kennen, obwohl er nicht ständig ein positives Erlebnis damit verbindet. Dennoch merkt er schon nach kurzer Zeit, dass Sie ein bestimmtes Wort immer wieder benutzen, wenn Sie Kontakt mit ihm aufnehmen. Und so verbindet der Hund dieses Wort – also seinen Namen – mit sich und weiß, dass er gemeint ist.

Den Züchtern gelingt es in der Regel nicht, jeden einzelnen Welpen an seinen eigenen Namen zu gewöhnen, da dies einerseits bei einem größe-

ren Wurf kaum möglich ist und andererseits die Namen bis zur endgülti-
gen Abgabe häufig noch gar nicht feststehen.

Gewöhnen Sie also in den ersten Tagen Ihren kleinen Labi erst einmal
liebevoll mit freundlicher Stimme an seinen Namen. Wenn Sie sich einen
erwachsenen Hund angeschafft haben, bleiben Sie, wenn möglich, bei
dem bereits verwendeten Namen oder wählen Sie einen phonetisch ähnlichen Namen aus.

Wählen Sie vorzugsweise zweisilbige Namen, da sie sich gut rufen lassen und klar zu erkennen sind. Einsilbige Namen können mit anderen
Kommandos verwechselt werden und ähneln sich häufig. Vermeiden Sie
auch sehr lange und hart klingende Namen, da sie sich schlecht rufen lassen und man dazu neigt, sie im Alltag ständig abzuändern oder zu kürzen,
was den Hund nur unnötig verwirren könnte.

Missbrauchen Sie nie den Namen Ihres Hundes, um ihn von einer geplanten, unerwünschten Tat abzuhalten. Versucht Ihr Labi-Kind zum Beispiel ein Kabel anzuknabbern, rufen Sie nicht streng seinen Namen, da
der Hund dann etwas Negatives mit
seinem Namen verbindet und mit
der Zeit dann nicht mehr darauf
hört. Verwenden Sie lieber ein dafür
sinnvolles Kommando wie „Nein"
oder „Lass das".

Verwenden Sie den Namen Ihres
neuen Vierbeiners in allen möglichen Situationen. Liegt er entspannt auf Ihren Füßen, sitzt er einfach mal so neben Ihnen, liegt er
auf seiner Decke, schaut er Sie liebevoll an oder kommt er freudig auf
Sie zugelaufen, verwenden Sie seinen Namen in Verbindung mit
einem lobenden, sanften Wort oder
einer Streicheleinheit. Das wird Ihr
Labi als ganz toll empfinden und
auch mit seinem Namen nur etwas
Positives verbinden. Dann ist auch
der Grundstein für die weitere Erziehung gelegt.

*Schon vom ersten Tag können Sie spie-
lerisch mit der Erziehung Ihres Labi-Kin-
des beginnen.*

Gewöhnen an Halsband und Leine

Bevor Sie mit Ihrem Labi beginnen, draußen die Welt zu erkunden, müssen Sie ihn an Halsband und Leine gewöhnen, falls dies nicht schon beim
Züchter erfolgt ist.

Halsband oder Geschirr

Zunächst stellt sich die Frage, ob für den Labi-Welpen ein Halsband oder besser ein Geschirr geeignet ist. Heutzutage werden viele Welpen und auch erwachsene Hunde statt mit einem Halsband mit einem Geschirr geführt.

Grundsätzlich reicht für einen Hund ein Halsband, ob aus Leder, Nylon oder Metall, vollkommen aus. Es sei denn, er zieht fürchterlich an der Leine und schnürt sich dadurch die Kehle ab, wodurch er keuchen und husten muss. Im schlimmsten Fall kann es sogar zu Wirbelsäulenproblemen kommen. Wenn Sie und Ihr Labi kein Problem mit einem Halsband haben, spricht nichts dagegen, ihn vom ersten Tag an mit einem einfachen Halsband zu führen. Haben Sie mit einem Geschirr begonnen und ist Ihr Vierbeiner gut leinenführig geworden, kann er nun an ein Halsband umgewöhnt werden.

Achten Sie darauf, dass Halsband oder Geschirr genau auf die Größe des kleinen Vierbeiners zugeschnitten ist. Es muss im ersten Lebensjahr mit zunehmendem Wachstum mehrfach ausgetauscht werden. Sparen Sie bei dem richtigen Zubehör bitte nicht am falschen Fleck! Ein Halsband darf auf keinen Fall zu groß sein, damit der Welpe nicht hinausschlüpfen kann, es darf aber auch nicht zu eng sein. Halsbänder mit Zug, mit und ohne Stopp, sind erst für den späteren Einsatz beim erwachsenen Hund geeignet. In der Regel wird dann bei einem Labrador Retriever eine Moxonleine verwendet. Dies ist eine Kombination aus Halsband und Leine, die später noch beschrieben wird.

Der Nachteil eines Geschirrs ist die Tatsache, dass es etwas komplizierter ist und länger dauert, es dem Hund richtig anzulegen. Gerade bei Welpen, die noch etwas zappelig oder ungeduldig sind, ist es dann manchmal etwas umständlich. Entscheiden Sie aber selbst, was für Sie und Ihren Labi am besten und geschicktesten ist.

> Wenn Sie ein Geschirr verwenden, achten Sie auf alle Fälle unbedingt darauf, dass es richtig sitzt und keine Druckstellen oder Abscheuerungen auf Fell und Haut hinterlässt. Denn durch falschen Sitz fühlt sich der Hund unwohl und es können noch gesundheitliche Probleme auftreten.

Ein Geschirr muss unbedingt richtig sitzen, damit es keine Druckstellen hinterlässt und sich der Hund wohl fühlt.

60

Das Band zwischen Hund und Mensch

Die Leine stellt zwischen Hund und Mensch eine wichtige Verbindung dar, auf die besonders am Anfang nicht verzichtet werden kann. Wenn Sie draußen mit Ihrem Hund unterwegs sind, ist die Leine die einzige Möglichkeit, ihn unter Kontrolle zu halten und Einfluss auf ihn zu haben. Einerseits kann man ihn dadurch vor Gefahren schützen und andererseits so auf ihn einwirken, dass er bei Erziehungsübungen das von ihm erwartete Verhalten zeigt. Das Ziel der Ausbildung ist, dass der Hund später auch ohne Leine, also ohne direkten körperlichen Kontakt mit dem Menschen, alle Kommandos umsetzt. Aber bis dahin ist noch ein langer Weg, bei dem die Arbeit an der Leine ein ganz wichtiger Bestandteil ist.

Die Leine ist ein sichtbares Band zwischen Hund und Mensch. Später, mit zunehmendem Erfolg bei der Erziehung, wird sie immer seltener und nur noch gezielt eingesetzt. Im Idealfall besteht am Ende zwischen Hund und Mensch ein unsichtbares Band, das den Einsatz einer Leine nur noch erfordert, um den Hund zum Beispiel im Straßenverkehr zu schützen oder wenn es vorgeschrieben ist (Leinenpflicht!).

Die Leine sollte nicht zu lang sein. Eine Länge von 1 bis 1,5 Meter ist ideal. Geeignet sind auch die Leinen, deren Länge sich zwischen 1 und 2 Meter verschieden einstellen lässt. Für den Welpen sind dünne Nylonleinen am besten geeignet, da sie nicht so schwer wie Leinen aus Leder sind.

> **!**
>
> **Die Flexi-Leine**
> Eine Flexi-Leine ist weder für die Welpenerziehung noch für die spätere Ausbildung eines Hundes geeignet. Sie sollte nur verwendet werden, um zum Beispiel eine läufige Hündin oder einen verletzten oder kranken Hund, der sich nicht viel bewegen darf, unter Kontrolle zu halten, oder wenn der Hund bei einem Spaziergang etwas mehr Bewegungsfreiheit haben soll, aber nicht abgeleint werden darf, wie zum Beispiel in Naturschutz- oder Waldgebieten.
> Bedenken Sie, dass sich Ihr Hund möglicherweise, wenn er an der Flexi-Leine geführt wird, das Ziehen an der Leine angewöhnt. Denn Hunde finden sehr schnell heraus, dass sie mehr Bewegungsspielraum bekommen, wenn sie an der Flexi-Leine ziehen. Dies kann einem unter Umständen die mühsam und mit viel Geduld eingeübte Leinenführigkeit wieder zunichte machen.

Mit der Gewöhnung an Halsband/Geschirr und Leine können Sie vom ersten Tag an zu Hause schon beginnen. Legen Sie Ihrem kleinen Labi das Halsband oder Geschirr im Haus an, und zwar immer dann, wenn er durch Fressen oder Spielen abgelenkt ist. So gewöhnt er sich schnell daran und wird auch etwas Positives damit verbinden. Sollte er sich anfangen zu kratzen, lenken Sie ihn mit einem Spiel oder einem Leckerli wieder ab. **61**

Hat sich der Kleine an das Halsband gewöhnt, befestigen Sie anfangs eine dünne, leichte Leine daran, die er einfach hinter sich herziehen kann. Nehmen Sie dann das Leinenende in die Hand und gehen Sie hinter dem Welpen her, aber so, dass kein Zug auf die Leine kommt, damit er sie nicht als Zwang empfindet. Locken Sie dann den Kleinen mit freundlichen Worten zu sich, ohne an der Leine zu ziehen, und belohnen ihn sofort mit einem Leckerli.

Wie Sie mit Ihrem Labi die richtige Leinenführigkeit üben können, wird später im Erziehungskapitel beschrieben.

Stubenreinheit

Sobald Ihr Hundekind bei Ihnen eingezogen ist, beginnt seine Erziehung. Aber bevor Sie mit den verschiedenen Übungen und Lektionen beginnen, steht zuerst die Stubenreinheit auf dem Stundenplan. Hiermit müssen Sie von der ersten Minute an, sobald Ihr Welpe zu Hause angekommen ist, beginnen.

Tragen Sie den Kleinen in regelmäßigen Abständen, etwa alle ein bis eineinhalb Stunden, in den Garten oder nach draußen zu seinem Löseplatz und sagen ihm das bestimmte Wort, damit er weiß, dass er sich lösen

Ein Welpe kann seinen Schließmuskel noch nicht richtig kontrollieren – da kann schon mal ein kleines Malheur passieren!

soll. Nach dem Schlafen, nach dem Fressen und nach dem Spielen muss er in jedem Fall wieder nach draußen gebracht werden, damit er sein Geschäft verrichten kann, unabhängig davon, ob die eineinhalb Stunden schon vorbei sind oder nicht. Jedes Mal, wenn er draußen erfolgreich sein Geschäft verrichtet hat, loben Sie ihn ausgiebig. Bald wird er verstanden haben, dass man diese Dinge draußen erledigt und nicht im Haus.

Sollte aber doch hin und wieder noch ein Malheur passieren, dann wischen Sie es einfach weg, ohne groß Aufhebens zu machen. Bestrafen Sie ihn auf keinen Fall! Denn bis zu einem Alter von etwa drei Monaten kann ein Welpe seine Schließmuskel noch nicht richtig kontrollieren. Daher liegt es an Ihnen, den Kleinen immer genau zu beobachten und ihn rechtzeitig nach draußen zu bringen.

Mit der Zeit wird es immer besser klappen, dass sich Ihr Labi-Kind rechtzeitig meldet, wenn es nach draußen muss. Bei den meisten Welpen merkt man, wenn sie raus müssen, da sie ganz aufgeregt und suchend im Zimmer herumlaufen. Wenn man sie dann gleich auf den Arm nimmt und nach draußen in den Garten bringt, kann man ein Missgeschick im Haus erfolgreich verhindern. Sie müssen aber Ihren Welpen immer ein wenig im Auge behalten, denn nicht jeder Hund bellt oder fiept, wenn er raus muss. Manche Hunde melden sich auch nur still, indem sie sich vor die Haus- oder Terrassentür setzen oder auch ihren Menschen nur ganz angestrengt ansehen.

Das Alleinbleiben

Da Hunde, wenn sie ausschließlich mit ihren Artgenossen zusammenleben, in einem sozialen Rudelverband leben, sind sie es nicht gewohnt, allein zu bleiben. Das heißt, einen Hund ständig oder lange allein zu lassen – sei es im Garten, im Zwinger, im Haus oder auch im Auto – ist nicht artgerecht. Aber manchmal bleibt uns gar nichts anderes übrig, als unseren geliebten Vierbeiner auch einmal sich selbst

Wird ein Labi rechtzeitig an das Alleinbleiben gewöhnt, wird er später ruhig und gelassen auf Ihre Rückkehr warten.

zu überlassen, sei es wegen eines Arztbesuches oder wenn wir den Wocheneinkauf erledigen müssen. Wir können unseren Labi manchmal einfach nicht mitnehmen, auch wenn wir es gern wollten. Deshalb muss unser Labi-Kind das Alleinbleiben und Alleinsein unbedingt lernen.

Manche Welpen oder sogar erwachsene Hunde bellen, jaulen oder fangen an, alles Mögliche zu zernagen oder die Einrichtung zu zerlegen, wenn sie allein gelassen werden. Dies ist keine Boshaftigkeit des Hundes **63** seinen Menschen gegenüber, sondern in den meisten Fällen leidet der Vierbeiner dann unter einer massiven Trennungsangst, höchstenfalls noch unter Langeweile.

Befindet sich Ihr Welpe auch noch gerade in der Phase des Zahnwechsels, kann es passieren, dass er Stuhlbeine, die gute Kommode, Türzargen oder den edlen Perserteppich anknabbert. Mit dieser Reaktion baut er seinen enormen seelischen Stress ab, den er durchlebt, wenn er das Alleinbleiben nicht gelernt hat. Bestrafen Sie ihn in diesem Fall unter gar keinen Umständen, wenn Sie nach Hause kommen und das Ausmaß der Katastrophe in Augenschein nehmen. Er würde Ihr Verhalten mit Ihrem Nachhausekommen verknüpfen und sich in Zukunft sicher nicht mehr freuen, wenn er Sie wieder sieht, sondern sich eher irgendwo in der Wohnung verkriechen und erst mal Ihre Stimmung abwarten.

Damit das so nicht passiert, fangen Sie am besten nach einer kurzen Eingewöhnungszeit von nur wenigen Tagen an, das Alleinbleiben zu üben. Das geht am besten, wenn Ihr Welpe nach seinem Spaziergang etwas müde ist, er sein „Geschäft" verrichtet hat und gefüttert ist. Es reicht, wenn Sie nur für kurze Zeit den Raum verlassen, ohne sich groß von Ihm zu verabschieden. Nach wenigen Minuten kommen Sie wieder in das Zimmer zurück, in dem Sie Ihren Welpen zurückgelassen haben, ohne großes Begrüßungsritual. So wird er schnell merken, dass dies nichts Besonderes ist. Nun können Sie allmählich den Zeitraum des Alleinbleibens weiter ausdehnen und Ihr Labi wird lernen, einige Zeit allein bleiben zu können.

Sollte Ihr Welpe aber doch einmal anfangen zu jammern, wenn Sie den Raum verlassen haben, kehren Sie auf keinen Fall zurück, solange er noch weint oder bellt, sondern warten Sie mit Ihrer Rückkehr, bis er kurz ruhig ist. Dann betreten Sie wieder das Zimmer und gehen, als wenn nichts gewesen wäre, zur Tagesordnung über. Bedauern Sie ihn auf keinen Fall, er würde sonst in seiner Angst nur bestätigt, was dann zur Folge haben könnte, dass er von nun an jedes Mal, auch wenn er nur für kurze Zeit allein bleiben muss, in Geheule oder Bellen ausbricht.

Autofahren

Das Autofahren macht Sie und Ihren Labi im wahrsten Sinne des Wortes mobil. Da Ihr Hund ja am liebsten immer dabei sein möchte, ist das Gewöhnen ans Autofahren auch einer der ersten und wichtigsten Übungen. Beginnen Sie rechtzeitig damit, aber unternehmen Sie die ersten Ausfahrten nicht zum Tierarzt, da der Hund diesen Besuch vielleicht als unangenehm empfindet und somit etwas Negatives mit dem Autofahren verknüpfen würde. Fahren Sie mit Ihrem Labi zunächst kurze Strecken, die er mit etwas Positivem verbindet, wie zum Beispiel zur nächstgelegenen Wiese, wo er mit Artgenossen herumtollen und sich lösen kann. Spielen Sie anschließend noch kurz mit ihm und fahren dann wieder nach Hause.

Wenn Ihr Labi nicht gern Auto fährt und dies durch Unruhe, Winseln oder vielleicht sogar Erbrechen äußert, müssen Sie ihn ganz langsam daran gewöhnen. Setzen Sie ihn zuerst in das parkende Auto und geben ihm ein paar Leckerli, während er sich ruhig verhält. Beim nächsten Mal füttern Sie ihn im Auto, während der Motor läuft. Wenn er sich auch daran gewöhnt hat, können Sie die erste kurze Strecke fahren und ihn danach sofort mit einem Spiel und Leckerli wieder loben. Mit der Zeit sollte er dann allmählich das Autofahren verkraften. Kann sich Ihr Hund trotz häufigen Übens nicht daran gewöhnen, kann es auch ein gesundheitliches Problem sein. Suchen Sie dann den Tierarzt auf.

Denken Sie auch daran, dass Sie Ihren Labi im Sommer nicht im geschlossenen Auto zurücklassen können, während Sie zum Beispiel einige Einkäufe erledigen. Das Innere des Fahrzeugs heizt sich bei warmen Außentemperaturen sehr schnell auf und die Situation wird für Ihren Labi nicht nur unerträglich, sondern sehr schnell auch lebensbedrohlich. Schon bei einer Außentemperatur von 20 °C kann es schon kritisch werden, selbst wenn die Fenster leicht geöffnet sind.

Selbstverständlich sollte man im Winter bei sehr kalter Witterung seinen Hund ebenfalls nicht stundenlang im Auto warten lassen, da Fahrzeuge sehr schnell auskühlen und große Kälte ebenfalls genauso speichern wie große Hitze.

Sicher unterbringen

Aus Sicherheitsgründen darf ein Hund auf keinen Fall im Fahrgastraum ohne Sicherung untergebracht werden. Steht nur die Rücksitzbank zur Verfügung, muss er mit einem speziellen Gurtgeschirr angeschnallt werden. Die im Handel angebotenen Hundedecken, die einfach hinter dem (Bei-)Fahrersitz eingehängt werden und auf die sich der Hund legen kann, schützen zwar die Sitzbank vor Hundehaaren, bei einem Unfall würde der Hund aber katapultartig durch das Auto geschleudert.

Wesentlich sicherer ist die Unterbringung in einem Kombi- oder Geländefahrzeug, und zwar im hinteren Gepäckbereich, der durch ein stabiles Gitter vom Fahrgastraum abgetrennt sein soll. Ein einfaches

Um die Gelenke des Labrador Retrievers zu schonen, ist es sinnvoll, eine Rampe als Einstieghilfe für das Auto zu verwenden. **65**

Gepäcknetz ist nicht stabil genug und deshalb nicht zu empfehlen. Am sichersten ist der Transport in einem speziellen Kennel oder einer stabilen Transportbox, die im Auto befestigt ist und in der sich der Hund bequem hinlegen kann. Die Verletzungsgefahr ist bei einem Unfall am geringsten, da der Hund nicht durch einen größeren Raum geschleudert wird. Ein weiterer Vorteil ist, dass im Sommer die Heckklappe des Autos offen gelassen werden kann, um ein Überhitzen des Innenraums zu vermeiden, und der Hund trotzdem unter Kontrolle ist.

Aus- und Einsteigen

Solange es möglich ist, sollten Sie Ihren Labi in das Auto hinein- und auch wieder herausheben, um seine Gelenke nicht unnötig zu belasten. Ist Ihr Labi aber erwachsen geworden, wird es Ihnen schwer fallen, den jetzt relativ schweren Hund zu heben. Daher sollten Sie sich überlegen, ob Sie für ihn nicht eine spezielle Rampe als Einstieghilfe anfertigen, sodass er bequem – ohne seine Gelenke ständig durch das Springen zu beanspruchen – ein- und aussteigen kann. Solch eine Rampe lässt sich einfach aus zwei Brettern mit einem Scharnier selbst herstellen. So kann man sie einfach zusammenklappen und im Auto unterbringen. Mit Teppichresten beklebt wird sie rutschsicher.

Egal, ob Ihr Labi über eine Rampe das Auto verlässt oder selbst hinausspringt, bringen Sie ihm von Anfang bei, dass er nur nach Aufforderung das Auto verlassen darf. Denn wie schnell kann es passieren, dass er sonst unkontrolliert vor ein vorbeifahrendes oder rangierendes Autos läuft oder ungestüm zu fremden Personen rennt, die nicht darauf gefasst sind und sich erschrecken.

Lassen Sie ihn also beim Öffnen der Autotür erst einmal sitzen und verwenden Sie das Kommando „Bleib" oder „Warte", während Sie in der Umgebung umherschauen, bis Sie Ihren Vierbeiner dazu auffordern (zum Beispiel mit „Hopp"), das Auto zu verlassen. Wenn Sie konsequent bei jeder Autofahrt diesen Ablauf einhalten, wird sich Ihr Labi sehr schnell daran gewöhnen und brav im Auto warten, bis Sie ihn zum Verlassen auffordern.

Wenn Sie eine sehr lange Fahrt hinter sich haben oder in einer fremden Umgebung anhalten, sollte Ihr Labi zunächst nur angeleint aus dem Auto steigen. So kann er sich erst einmal dehnen, strecken und aufwärmen, bevor er seinem Bewegungsdrang nachgeht, was für seine Gelenke und Muskeln auf alle Fälle besser ist. Außerdem können Sie zusammen mit dem angeleinten Hund die Umgebung zunächst erkunden und feststellen, ob Sie Ihren Vierbeiner dort sicher laufen lassen können oder ob vielleicht eine spannende Fährte von einem Wildtier oder einer läufigen Hündin ihn dazu bringen könnte, einen Ausflug auf eigene Faust zu unternehmen.

Vom Welpen zum zuverlässigen Begleiter

Der Labrador-Retriever-Welpe ist ein wahres Energiebündel, der alle Menschen und Tiere liebt und dies manchmal auf wirklich buchstäblich „umwerfende Weise" seinen Mitmenschen und Mitgeschöpfen kundtut.

Vergleichbar mit einem Rohdiamanten, der erst durch seinen besonderen Schliff zu einem sehr wertvollen Schmuckstück wird, sollte man auch bei der Erziehung seines Labi-Welpen vorgehen. Erst eine liebevolle und konsequente Erziehung macht aus diesem kleinen Wirbelwind einen familientauglichen Gefährten.

Sie haben sicher Ihren Labi von einem Züchter geholt, der seine Welpen schon frühstmöglich prägt und sozialisiert. Das beginnt mit dem engen Kontakt zum Menschen, zum Beispiel beim täglichen Wiegen und der Gesundheitskontrolle durch den Züchter. Die Welpen werden so daran gewöhnt, dass sie vom Menschen angefasst, hochgenommen und gestreichelt werden. Diese positiven Erfahrungen werden sie ein ganzes Leben lang begleiten. Auch die Familie des Züchters wird sicher ihren Teil dazu beitragen, damit aus den Welpen fröhliche, kontaktfreudige und familientaugliche Vierbeiner werden.

Der Welpe sollte, nachdem er bei seiner neuen Familie eingezogen ist und sich einige Tage eingewöhnen konnte, mit seiner neuen Umgebung vertraut gemacht werden.

Ein Labi sollte sich zu einem gut sozialisierten Begleiter entwickeln, damit auch Begegnungen mit anderen Hunden kein Problem darstellen.

67

Nehmen Sie ihn dann nach Möglichkeit zu allen Anlässen und Aktivitäten mit, die in der Familie stattfinden, zum Beispiel ins Restaurant, zu Geburtstagen und anderen Familienfeiern. Hin und wieder ist der Besuch eines Einkaufszentrums ebenso wichtig wie der wöchentliche Besuch einer Welpenspielgruppe.

Die Eindrücke und Erlebnisse, die Ihr Welpe bis zur 16. Lebenswoche hat – sowohl die angenehmen als auch die unangenehmen – wird er nie wieder vergessen. Selbstverständlich sollten die angenehmen Erfahrungen überwiegen. Da aber nicht immer verhindert werden kann, dass es auch negative Erlebnisse und Augenblicke für Ihr Hundekind geben wird, ist die oben beschriebene starke Bindung auch in diesen Fällen sehr wichtig. Hat Ihr Labi ein gutes, vertrauensvolles Verhältnis zu Ihnen aufbauen können, wird er solche Situationen überstehen, ohne seelischen Schaden zu nehmen

> Nur wenn Ihr Welpe immer im engen Kontakt zu Ihnen und Ihrer Familie steht, wird er eine starke Bindung zu seinen neuen Menschen aufbauen können. Diese Bindung ist für das Erlernen des Grundgehorsams unabdingbar.

Die geistige und körperliche Entwicklung

Wenn Sie schon einmal die Möglichkeit gehabt haben, einen vielleicht gerade neugeborenen oder zumindest noch winzigen, blinden Welpen zu sehen und dann weiterbeobachten konnten, bis aus ihm ein temperamentvolles, selbstbewusstes Energiebündel geworden ist, wissen Sie, wie faszinierend die rasante Entwicklung des kleinen Vierbeiners ist.

Hier möchte ich Ihnen kurz vermitteln, wie sich Ihr kleiner, putziger Labi-Welpe zu einem kräftigen und treuen Begleiter entwickelt und vor allem, wodurch diese Entwicklung bestimmt wird und wie Sie positiv darauf Einfluss nehmen können.

Auch wenn Welpen taub und blind, also mit geschlossenen Augen, auf die Welt kommen, heißt das nicht, dass ihre Sinne überhaupt noch nicht funktionieren. Schon im Mutterleib ist der Tast- und Geschmackssinn des Welpen intakt und er kann auch schon Wärme, Kälte und Schmerz spüren. Auch das Gleichgewichtsorgan wird

Dieser Labi-Welpe konnte schon von klein auf beim Züchter seine Umwelt erkunden – die ideale Grundlage für seine weitere Entwicklung.

vor der Geburt aktiv und sogar das sogenannte Jakobson'sche Organ in der Mundhöhle, mit dem der Hund später vor allem Pheromone von Artgenossen wahrnimmt, tritt in Funktion.

Im Alter von etwa 14 Tagen öffnen sich langsam die Äuglein, die übrigens zuerst immer blau sind, und können so das erste Mal Licht wahrnehmen. Etwa drei Tage später weiten sich dann auch die Ohrkanäle und der kleine Welpe kann schließlich auch seinen Hörsinn einsetzen.

Die Nase, also das wohl wichtigste und am besten funktionierende Sinnesorgan des Hundes, beginnt mit seiner Funktion zwar schon ab der Geburt. Dieses wichtige Riechorgan entwickelt sich dann aber noch weiter und verbessert sogar bis zu einem Alter von etwa sechs Monaten seine Leistung immer mehr zu der für den Labrador Retriever typischen „Supernase". Der hervorragende Geruchssinn bleibt beim Labi bis ins hohe Alter erhalten, wenn schon das Gehör und auch der Gesichtssinn langsam nachlassen.

Grundsätzlich kann man sagen, dass etwa im Alter von vier Wochen alle Sinnesorgane voll entwickelt sind. Jetzt strömen Unmengen von verschiedenen Umweltreizen auf den Welpen ein, die er nun verarbeiten muss und die auch sein Wesen mitprägen. Denn alle Reize, die der Kleine jetzt verarbeitet, bestimmen auch die Entwicklung seiner Nervenbahnen und seines Gehirns. Natürlich sollten sich diese Reize im Rahmen halten und nicht übertrieben werden, um den Kleinen nicht zu überfordern oder zu verunsichern – sozusagen alles in Maßen. Aber immer wieder neue Herausforderungen fördern die Entwicklung des kleinen Rackers ungemein.

Dieser Prozess findet vor allem bis zum Ende des 3. Lebensmonats statt. Auch die Motorik und die Koordination werden verbessert, wenn der Welpe lernen muss, mit verschiedenen Situationen umzugehen. Daher ist es besonders wichtig, dass er in den ersten Lebenswochen beim Züchter und auch später bei Ihnen zu Hause mit allen möglichen und immer wieder neuen Umweltreizen – sowohl optischen als auch akustischen – konfrontiert wird. Auch ist es gut, wenn er sich körperlich etwas anstrengen muss, um zum Beispiel an die Zitze seiner Mutter, an die Futterschüssel oder an sein Lieblingsspielzeug zu gelangen. Denn dadurch lernt er, seinen Körper richtig einzusetzen und zu koordinieren. So sollte er auch, wenn es das Wetter zulässt, regelmäßig nach draußen gebracht werden, um einerseits die „große Welt" kennenzulernen und andererseits mit Temperaturunterschieden konfrontiert zu werden. Denn der kleine Körper muss auch lernen, richtig mit Wärme und Kälte umzugehen, und das geht nur, wenn er die verschiedenen Signale durch Kälte- und Wärmereize erhält.

Ein Welpe sollte zwar gut behütet aufwachsen, aber nicht in „Watte gepackt" werden. Wird er in den ersten Wochen oder sogar Monaten nur mit wenigen Umweltreizen konfrontiert und ständig in einem Raum mit gleichbleibender molliger Temperatur gehalten, wirkt sich das negativ sowohl auf seine körperliche als auch geistige Entwicklung aus und kann auch im späteren Leben nicht aufgeholt werden.

Das Märchen mit dem Welpenschutz

Häufig wird behauptet, ein Welpe habe uneingeschränkten Welpen-schutz und dürfe sich gegenüber älteren Artgenossen alles herausneh-men, ohne dass ihm etwas geschieht. Das stimmt aber nicht ganz. Im Wolfsrudel gibt es tatsächlich einen Welpenschutz, vor allem deshalb, weil fast alle Rudelmitglieder untereinander verwandt sind und blutsverwandte Artgenossen beschützt werden, um die eigenen Gene zu bewahren. Wenn sich allerdings die heranwachsenden Welpen zu viel gegenüber den erwachsenen Rudelmitgliedern herausnehmen, sind diese bei ihren Erziehungsmaßnahmen auch nicht immer zimperlich. Bei fremden, nicht verwandten Artgenossen kann es sich da schon ganz anders verhalten, vor allem wenn der Hund schon älter als 14 bis 16 Wochen ist. Trifft also ein Welpe auf einen fremden, erwachse-nen Hund und benimmt sich ihm gegenüber zu flegelhaft, kann dieser durchaus den Kleinen mit einem drohenden Knurren oder Schnappen zur Ordnung rufen. Das ist völlig normal. Bemitleiden Sie Ihren kleinen Labi in diesem Moment auf keinen Fall. Ihr Welpe lernt nämlich so, die Signale seiner Artgenossen zu deuten und sich gemäß dem Sozialgefüge angemessen zu verhalten.

Die Prägungs- und Sozialisierungsphase

Wer einen Welpen aufzieht, setzt die Weichen für das spätere Leben. Es gibt keinen anderen Zeitraum, in dem der kleine Vierbeiner so schnell und nachhaltig lernt, wie in den ersten Lebensmonaten. Dieser Lebensab-schnitt eines Welpen wird als Prägungs- und Sozialisierungsphase bezeich-net und umfasst die Zeit von der 4. bis zu 16. Lebenswoche.

Auch der Grundstock für das richtige Sozialverhalten, sowohl im Um-gang mit Artgenossen als auch mit Menschen oder anderen Tieren, wird in dieser Zeit gelegt. Daher ist es besonders wichtig, dass Sie mit Ihrem kleinen Labi so früh wie möglich eine Welpenspielgruppe besuchen, in der Ihr Kleiner den Umgang mit Artgenossen – möglichst unterschied-lichster Rassen – lernt. Ganz nebenbei werden in so einem Welpenkurs schon die ersten wichtigen Übungen für die spätere Grunderziehung spie-lerisch gelernt.

Ebenso sollten Ihr Labi nun möglichst viele verschiedene Tiere (Kühe, Pferde, Schafe, Ziegen, Katzen, Kaninchen, Geflügel und so weiter) ken-nenlernen, um einerseits vor ihnen keine Angst zu haben und anderer-seits zu lernen, dass er sie unbehelligt lassen sollte. Ebenfalls sollten Sie auch Ihren Welpen dahingehend erziehen, dass er das Vögeljagen unter-lässt bzw. gar nicht erst anfängt. Etwa zwischen der 10. Und 12. Lebens-

seine Aufmerksamkeit mehr und mehr für die Umwelt erwacht, wird er die auf den Feldern und Wiesen sitzenden Krähen, Reiher und viele andere Vögel bemerken und zu ihnen hinrennen wollen. Ich beobachte beim Spaziergang meinen vierbeinigen „Dreikäsehoch" genau, wenn Vögel auf den Wiesen sitzen. Macht er Anstalten loszuspurten, kommt von mir sofort ein scharfes „Nein" oder „Lass" gefolgt von dem Hierpfiff mit der Hundepfeife. Wenn er sofort zurückkommt bzw. erst gar nicht losstartet, wird er von mir freudig gelobt und mit einem Leckerchen belohnt. So lernt schon der ganz junge Hund, dass man nicht einfach so losrennt, wenn man nicht geschickt wird.

Wenn Ihr Labi diese Lektion verstanden hat, wird er sich in der Regel immer gut abrufen lassen oder erst gar nicht loslaufen – sei die Ablenkung noch so groß und verlockend.

Auch die Gewöhnung an Straßenverkehr, lärmende Maschinen, viele Menschen und vieles mehr sollte in den ersten vier Monaten erfolgen, damit Sie Ihren Begleiter später völlig lässig und selbstsicher überall hin mitnehmen können.

Mit solchen Übungen kann der Welpe seine Motorik und Koordination verbessern. Gleichzeitig wird das Gerüst für die Grunderziehung gelegt.

Das Flegelalter

Auch der besterzogenste Labrador Retriever kommt irgendwann ins Flegelalter und in die Pubertät. Ab einem Alter von etwa sechs Monaten – bei manchen etwas früher, bei manchen etwas später – kann man damit rechnen, dass unser Junghund sich immer mal wieder wie ein Flegel benimmt. Man hat manchmal den Eindruck, dass alles, was er bisher gelernt hat, wieder in Vergessenheit gerät. Er kommt nicht mehr gern oder gar nicht zurück, wenn man ihn zu sich ruft. Oder er fängt wieder an, wie in der Welpenzeit, allen möglichen und unmöglichen Unrat einzusammeln und zu verspeisen. Plötzlich sind Jogger, Spaziergänger und Nordic-Walker wieder interessant und man rennt auf die fremden Menschen zu, um sie zu begrüßen, und springt sie an oder verbellt sie sogar.

Kurzum – Ihr Labi stellt nun die bisher bestehenden und eingeführten Regeln infrage. Ebenso hinterfragt er seine Stellung, die er in seinem Menschenrudel eingenommen hat, kritisch. Dann heißt es für seine Menschen „Ruhe bewahren", in der Erziehung wieder einen Schritt zurück gehen und das bisher Gelernte mit viel Konsequenz und Geduld einfordern und üben. Manchmal ist es sogar notwendig, die junge Dame oder den jungen Herrn für ein paar Wochen oder sogar Monate an einer Schleppleine zu **71**

Wenn der junge Labi ins Flegelalter kommt, ist bei der Erziehung viel Geduld gefordert.

führen, damit man bei den täglichen Spaziergängen und Übungseinheiten die Kontrolle und die Übersicht nicht verliert.

Aber keine Angst – auch diese Phase vergeht. Nach einiger Zeit, in der Sie noch mehr als sonst auf eine konsequente Führung Ihres Vierbeiners geachtet haben, werden Sie bemerken, dass Ihr Labi sich wieder viel folgsamer, aufmerksamer und zuvorkommend Ihnen gegenüber verhält. Dann können Sie aufatmen: Bis auf ein paar kleine Ausrutscher, die Ihrem Labi noch passieren können, ist das Flegelalter überstanden.

Der Labi wird erwachsen

Dass Ihr Labi so langsam erwachsen wird, bemerken Sie beim Rüden daran, dass er beginnt, beim Urinieren sein Bein zu heben, und sein Geschäft nicht mehr in der Hocke verrichtet, wie es die Hündin macht. Er fängt an, beim täglichen Spaziergang an vielen verschiedenen Stellen zu markieren, also häufig kleine Mengen Urin abzusetzen, um seine „Duftnote" für die Artgenossen zu hinterlassen. Auch zeigt er von nun an starkes Interesse an der Damenwelt und möchte am liebsten jede gut riechende Hundedame mit seinem Charme umgarnen. In dieser Zeit des Erwachsenwerdens ist für Ihren Labi-Rüden nun wieder viel Konsequenz Ihrerseits notwendig, um dieses natürliche Triebverhalten in die richtigen

Bahnen zu lenken. Unser Jungrüde muss lernen, dass nicht jede Hauswand, jede Hecke oder jeder Laternenpfahl markiert werden muss. Ebenso ist es für ihn – wenn manchmal auch ein schwieriger – Lernprozess, dass nicht jede Hundedame auf seinen versprühten Charme steht. Aber auch das bekommt man mit viel Geduld und immerwährender Konsequenz in den Griff.

Auch wenn der Labi langsam erwachsen wird – verspielt bleibt er ein Leben lang.

Bei der Labi-Hündin kann man ab dem 6. Lebensmonat mit dem Beginn der ersten Läufigkeit rechnen. Meistens werden Hündinnen zwischen dem 6. und 10. Lebensmonat ihre erste Hitze durchlaufen. Kurz vor der ersten Läufigkeit stellt man oft fest, dass „Madame" nicht mehr ganz so gut hört wie sonst. Auch setzt sie häufiger Urin ab als gewöhnlich, was dem Markieren der Rüden sehr ähnlich ist. Man muss ja der Rüdenwelt seinen Hormonstatus irgendwie mitteilen!

! Der Zyklus einer Hündin

Der Sexualzyklus einer Hündin gliedert sich in vier Phasen, die sowohl körperlich als auch aufgrund von Verhaltensveränderungen zu erkennen sind.

Phase	Veränderung der Geschlechtsorgane	Verhaltensveränderung
Proöstrus = Vorbrunst 1. bis 10. Tag	Scheide schwillt an, Ausfluss setzt ein (ab 5. Tag), Ausfluss wird stark und dunkelrot (ab 7. Tag)	Hündin setzt verstärkt Urin und somit Duftmarken ab, lehnt Rüden ab
Östrus = Brunst 11. bis 16. Tag	stark geschwollene Scheide wird weich, Ausfluss ist schleimig, schwach und rosa gefärbt	Hündin akzeptiert Rüden, legt Rute zur Seite
Metöstrus = Rückbildungsphase 17. bis 22. Tag	Scheide schwillt zunehmend ab, Ausfluss klingt vollständig ab	Hündin lehnt Rüdin wieder ab
Anöstrus = Ruhephase zwischen den Läufigkeiten	Scheide ist unauffällig und nicht angeschwollen, kein Ausfluss	Hündin hat kein sexuelles Interesse

Jetzt spielen eben einfach die Hormone etwas verrückt. Relativ häufig beobachtet man auch bei den jungen Hündinnen einen weiß-gelblichen Scheidenausfluss, tiermedizinisch „juvenile Vaginitis" genannt. Dieser Ausfluss ist, wenn er nicht stark eitrig riecht, in der Regel völlig harmlos und verliert sich mit der ersten Läufigkeit. Auch fängt die Hündin an, in dieser Zeit auf die Aufdringlichkeit eines Rüden etwas zickig zu reagieren und wird dem jungen Mann ganz klar sagen, dass sie das jetzt nicht will.

Alle beschriebenen Verhaltensweisen sind ein Zeichen dafür, dass der Junghund so langsam erwachsen wird.

Auch das Größenwachstum ist mit ungefähr einem Jahr nahezu abgeschlossen. Wenn Ihr „junger Erwachsener" dann noch etwas wächst, bewegt sich das nur noch im Zentimeterbereich. Die Wachstumsfugen an den Gelenken haben sich geschlossen und die Knochen sind nicht mehr weich, wie beim Welpen und Junghund, sondern haben sich verfestigt und stabilisiert. Nach seinem ersten Geburtstag ist der Zeitpunkt gekommen, um Ihren Labrador Retriever auf Hüft- und Ellenbogengelenkdysplasie röntgen zu lassen. Ich persönlich halte es für sehr wichtig, dass Sie den Gesundheitsstatus der Gelenke Ihres Hundes kennen, damit Sie wissen, wie Sie Ihren Labi in Zukunft bewegungsmäßig belasten können bzw. dürfen.

Auch wenn das Größen- und Knochenwachstum nun so gut wie abgeschlossen ist, ist Ihr junger Erwachsener noch lange nicht am Ende seiner Entwicklung angekommen. Die Muskulatur wird sich in nächster Zeit noch mehr ausbilden, der Brustkorb wird sich noch etwas mehr in die Tiefe und Breite entwickeln, Nacken und Rücken werden breiter, der Rutenansatz wird noch etwas dicker werden und – nicht zu vergessen – die Breite des Schädels wird noch etwas zunehmen. Bis ein Labrador Retriever vollkommen fertig entwickelt ist und er seine endgültige Statur besitzt, vergehen ungefähr drei Jahre.

Die geistige Entwicklung ist mit einem Jahr sicher schon weit fortgeschritten, aber auch von Hund zu Hund verschieden und noch in keiner Weise abgeschlossen. Immer mal wieder werden Sie feststellen, dass Konsequenz das A und O im Zusammenleben mit Ihrem Labi ist. Aber da Sie ja ohnehin vorhaben, Ihren Vierbeiner ein Hundeleben lang artgerecht und auch geistig zu beschäftigen und zu fördern, wird dies sicher kein Problem für Sie darstellen.

> Wenn Sie eine regelmäßige, artgerechte Beschäftigung und Ausbildung Ihres Hundes nicht für notwendig erachten, sollten Sie die Anschaffung eines Labrador Retrievers noch einmal genauestens überdenken. Denn ein Labi wird erst zu einem leichtführigen Begleiter, wenn er ein Leben lang konsequent erzogen, ausgebildet, beschäftigt und geführt wird.

Familienleben und Rangordnung

Wenn Ihr Labi bei Ihnen einzieht, sei es als Welpe oder erwachsener Hund, bedeutet dies für ihn eine erhebliche Umstellung. Der Welpe wird plötzlich von seiner Mutter, den Geschwistern und der vertrauten Umgebung getrennt. Und auch ein erwachsener Hund muss sich auf die neuen Menschen und die neue Umgebung erst einstellen.

Der Labrador Retriever als menschenbezogener, freundlicher Hund wird sich zwar relativ schnell an die neue Familie als Rudel anpassen. Er sollte von Ihnen aber auch dementsprechend behandelt werden.

Machen Sie ihm von vornherein klar, dass er in der Rangordnung die unterste Stelle einnimmt, auch wenn er als Welpe anfangs noch so süß und tollpatschig ist. Ein Hund, der genau weiß, welche Position er in der Rudelhierarchie einnimmt, erhält dadurch eine gewisse Sicherheit und wird sich dankbar in seine Rolle einfügen. Dadurch wird auch von Anfang an eine enge Bindung und das Vertrauen zu Ihnen als Rudelführer aufgebaut und gefestigt.

Es liegt in der Natur des Hundes, dass er gewisse Spielregeln im Rudel befolgt und den Anweisungen des Rudelführers nachkommt. Das bedeutet, Sie müssen Ihrem neuen Schützling von Anfang an deutlich machen, was erlaubt ist und was nicht. Richtiges Verhalten wird durch viel Lob belohnt, falsches Verhalten wird durch ein strenges „Nein" verboten. Um

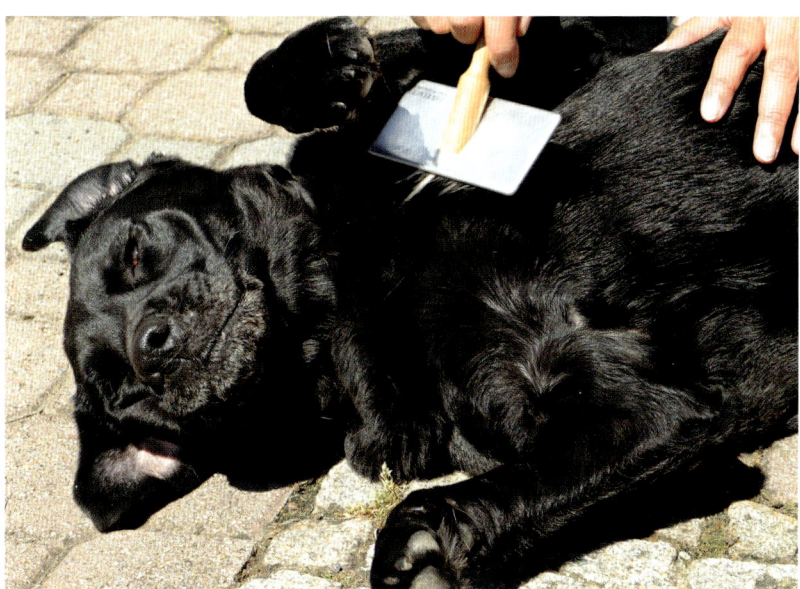

Dieser Labi genießt sichtlich das Bürsten – das trägt nicht nur zu seinem Wohlbefinden bei, sondern fördert auch die Bindung zum Menschen.

75

einem Verbot mehr Nachdruck zu verleihen, können Sie Ihrem Labi auch mal nach Hundeart über die Schnauze fassen, so wie es seine Mutter oder ranghöhere Rudelmitglieder tun würden. In der Regel wird das aber kaum erforderlich sein, dann dafür sorgt schon der angeborene „Will to please" des Labrador Retrievers. Wenn Sie von Anfang an mit ihm konsequent und liebevoll umgehen, werden Sie ganz schnell ein Dream-Team werden.

Kinder müssen lernen, richtig mit dem Hund umzugehen. Sie sollten nicht unbeaufsichtigt mit ihm allein gelassen werden.

Der Labi und Kinder

Falls in Ihrem Haushalt Kinder leben, sollten Sie bestimmte Regeln bei der Erziehung Ihres Labis, aber auch Ihrer Kinder berücksichtigen. Denn auch wenn der Labrador Retriever in den Medien häufig als der „ideale und kinderfreundliche Familienhund" bezeichnet wird, sollte man ihn grundsätzlich nicht, wie übrigens auch alle anderen Hunderassen, bedenkenlos mit (Klein-)Kindern allein lassen.

In den meisten Fällen muss man die Kinder, insbesondere die ängstlichen (egal welcher Altersgruppe sie angehören), gut im Auge behalten, damit der Hund keine schlechten Erfahrungen mit Kindern macht. Gerade die Kinder, die Angst vor Hunden haben, reagieren beim Zusammentreffen mit einem Hund – ob Welpe oder erwachsener Hund spielt dabei keine Rolle – oft unberechenbar. Es kann passieren, dass in solch einer Situation das Kind zum Beispiel nach dem Hund tritt, was für einen Welpen sicher eine äußerst schlechte Erfahrung mit Kindern wäre, ganz zu schweigen von dem gesundheitlichen Risiko, dem der Welpe ausgesetzt wäre. Man muss in jedem Fall darauf achten, dass Kind und Hund einen guten gemeinsamen Start haben. Dann steht einer lebenslangen Freundschaft sicher nichts im Weg.

Sicherlich hat ein Labi eine relativ hohe Reizschwelle und lässt sich ziemlich viel gefallen. Aber vor allem seine Erfahrungen bestimmen, wie er sich Kindern gegenüber verhält.

Für ein harmonisches Miteinander von Kindern und Hunden gibt es zwei Voraussetzungen: Einerseits müssen Kinder so früh wie möglich den richtigen Umgang mit Hunden lernen. Andererseits sollten Hunde schon während der Prägungs- und Sozialisierungsphase im Welpenalter gute Erfahrungen mit Kindern machen und dahingehend erzogen werden, dass sie für Kinder – ob fremde oder im eigenen Familienrudel – keine Gefahr darstellen.

Erklären Sie Ihren Kindern, wie sie sich richtig gegenüber dem neuen Familienmitglied verhalten sollen. Hier einige der wichtigsten Regeln:

Den Hund

- nicht von oben auf den Kopf fassen, lieber an Brust und Ohren kraulen.
- nicht an Schwanz oder Ohren ziehen.
- nicht erschrecken und sich nicht von hinten nähern.
- nicht in die Enge treiben.
- nicht beim Schlafen stören.
- nicht laut anschreien oder schreiend vor ihm davonlaufen.
- in Ruhe lassen, wenn er sich abwendet oder knurrt.
- beim Fressen in Ruhe lassen und nicht versuchen, ihm seinen Napf wegzunehmen.

Die Erfahrung zeigt, dass Kinder sehr schnell lernen, mit Hunden richtig umzugehen, wenn sie von Erwachsenen entsprechend angeleitet werden. Und Ihr Labi sollte von Anfang an Kinder mit etwas Angenehmem verbinden, indem Sie ihn für das richtige Verhalten belohnen, mit ihm spielen oder einen Leckerbissen anbieten.

Auf alle Fälle sollten Sie Ihren Labi nie mit Kleinkindern unbeaufsichtigt zusammen allein lassen. Denn auch wenn sich Ihr Hund Kindern gegenüber äußerst geduldig und freundlich verhält, können die unterschiedlichen Kräfteverhältnisse eine bestimmte Gefahr darstellen. Denn der Labi als kräftiger und besonders in jungen Jahren recht temperamentvoller Hund kann schnell mal ein Kind umrennen oder umschubsen, was dann mindestens zu Tränen und im schlimmsten Fall sogar zu blauen Flecken oder Verletzungen führen kann.

Auch die Erziehung und Ausbildung Ihre Labis kann von jüngeren Kindern nicht übernommen werden. Erst ab einem Alter von etwa zwölf Jahren können sich Kinder so weit durchsetzen, dass der Hund sie als ranghöher akzeptiert und entsprechende Anweisungen und Kommandos befolgt. Aber auch dies sollte – zumindest anfangs – nur unter Anleitung und Aufsicht einer erwachsenen Person erfolgen.

Wenn Sie sich für einen Labi entscheiden, sollte der Grund dafür auch nie die Überlegung sein, für das Kind einen Spielkameraden anzuschaffen, damit es nicht allein ist. Diese Aktion endet mit Sicherheit in einem Chaos und im schlimmsten Fall damit, dass der Hund wieder abgegeben wird, was für alle Beteiligten eine Katastrophe bedeutet. Jedem sollte klar sein, dass ein Hund, egal welchen Alters oder welcher Rasse, kein Spielzeug ist. Ein Hund ist als vollwertiges Familienmitglied anzusehen, das bei uns einzieht und unser Leben bereichert und auch ein Recht darauf hat, mit dem größtmöglichen Respekt und der größtmöglichen Sorgfalt behandelt zu werden.

Kinder, die in der glücklichen Lage sind, mit einem vierbeinigen Familienmitglied an ihrer Seite aufwachsen zu dürfen, werden bei richtiger Anleitung durch die Eltern sehr schnell lernen, anderen Lebewesen mit dem gebührenden Respekt und Toleranz zu begegnen.

Der Labi und andere Haustiere

Falls noch andere Tiere in Ihrem Haushalt leben, müssen diese vorsichtig an das neue Familienmitglied gewöhnt werden und umgekehrt muss der Labi lernen, dass er auf sie Rücksicht nimmt und sie auf keinen Fall zu seinen Beutetieren gehören.

Ein Welpe wird relativ schnell den richtigen Umgang mit anderen Tieren lernen. Zieht ein erwachsener Hund bei Ihnen ein, hängt sein Verhalten natürlich davon ab, was er bisher erlebt hat und ob er schon einmal Kontakt zu anderen Tieren dieser Art hatte. Hier müssen Sie anfangs große Vorsicht walten lassen, bis klar ist, ob Ihr Labi die anderen Hausgenossen als Beutetiere sieht oder er sich ganz neutral gegenüber ihnen verhält. Denn Sie dürfen nicht vergessen: Der Labrador Retriever ist ein Jagdhund, dessen Trieb auch zu Hause einfach mal mit ihm durchgehen kann.

Wenn sich Hund und Katze aneinander gewöhnt haben, kann es sogar sein, dass sie gemeinsam ihren Lieblingsschlafplatz genießen.

Daher sollte Ihr Labi anfangs nur unter Aufsicht mit Katzen, Meerschweinchen, Kaninchen, Vögeln, Ratten, Mäusen und andere Kleintieren zusammengebracht werden. Er muss sich an die Anwesenheit der anderen Tiere gewöhnen und sie unbehelligt lassen.

Alle Tiere, die in Käfigen oder kleinen Ställen gehalten werden, sollten bei den ersten Begegnungen auf alle Fälle darin verbleiben. Leinen Sie Ihren Labi zuerst am besten an, damit er nicht plötzlich auf den Käfig zuspringt und deren Bewohner in Todesangst versetzt. Aufgrund seines Wesens wird er schnell lernen, dass diese anderen Tiere wohl auch zu dem neuen Rudel gehören und nicht als Beutetiere oder Spielzeug anzusehen sind. Auch hier sollte das richtige Verhalten mit viel Lob und Belohnung bestätigt werden.

Aber wie bei kleinen Kindern gilt auch hier: Selbst wenn Sie der Meinung sind, dass Ihr Hund für die anderen Tiere keine Gefahr darstellt, sollten Sie frei laufende oder frei fliegende Heimtiere nie ohne Aufsicht zusammen mit ihm in einem Raum lassen.

Im Gegensatz zu den anderen Heimtierarten gehen viele Katzen eine enge Bindung zu dem neuen Familienmitglied ein, vor allem, wenn sie behutsam aneinander gewöhnt werden und zuvor keine schlechte Erfahrung mit der anderen Tierart gemacht haben. Katzen sollten aber immer genügend Rückzugsmöglichkeiten erhalten, um sich gegebenenfalls dem Einfluss Ihres Labis zu entziehen, zum Beispiel auf ihrem Kletterbaum im **79**

Körbchen, oben auf einem Schrank oder in einem Raum, der durch die Katzenklappe nur für sie zugänglich ist. Mit der Zeit werden sich beide bestimmt aneinander gewöhnen und vielleicht sogar zusammen auf dem Sofa oder im Körbchen zusammenkuscheln.

> **!** **Wichtig!**
> Sie sollten das Katzenfutter so aufstellen, dass es Ihr Labi nicht erreichen kann, damit Ihre Katze nicht leer ausgeht, denn Katzenfutter schmeckt auch jedem Hund. Ebenso sollte die Katzentoilette für Ihren Labi nicht erreichbar sein. Denn Katzenkot wirkt auf Hunde sehr anziehend und Ihr Labi würde sich bestimmt gern daran bedienen. Aus hygienischen Gründen wäre dies natürlich nicht erstrebenswert und die Aufnahme von Katzenstreu, was unweigerlich auch der Fall wäre, kann bei Ihrem Labi eine schwere Magenverstimmung hervorrufen, die nicht selten einen Tierarztbesuch nach sich zieht.

Der Wesenstest

Der Wesenstest ist eine zuchtrelevante Überprüfung der nach dem Standard gezüchteten Labrador Retriever. Deshalb ist der bestandene Wesenstest nach der Zuchtordnung des LCD und des DRC eines der Kriterien, die es zu erfüllen gilt, wenn man für seinen Labi eine Zuchtzulassung im LCD oder DRC anstrebt.

Der Wesenstest gibt Auskunft über das Wesen der verpaarten Zuchttiere. Er ist einer der grundlegenden Garantien für die Erhaltung des Rassestandards des Labrador Retrievers.

Der Labrador Retriever soll ein idealer Familienhund und ein vorzüglicher Apportierer sein, der allen erdenklichen Alltagssituationen sicher begegnet. Seine Freundlichkeit und Sicherheit im Umgang mit Menschen sind Rassemerkmale, auf die nicht verzichtet werden kann. Es gilt als erwiesen, dass sich psychische Anlagen ebenso vererben wie physische. Deshalb kommt der wesensmäßigen Selektion des Zuchthundes eine besondere Bedeutung zu. Um den Wesensstandard zu gewährleisten, ist eine entsprechende Überprüfung der Junghunde erforderlich. Das geschieht im LCD und DRC schon seit vielen Jahren durch den Wesenstest, der an das sogenannte „Schweizer Muster" angelehnt ist. Der Test deckt sich im Wesentlichen mit den Empfehlungen im „Leitfaden für Wesensrichter" von Prof. Dr. Dr. h.c. Eugen Seiferle, unter Berücksichtigung der besonderen rassetypischen Veranlagung des Labrador Retrievers.

Um an einem Wesenstest teilnehmen zu können, muss der Hund im DRC mindestens zwölf Monate alt und sollte geschlechtsreif sein. Im LCD dürfen Labrador Retriever schon mit Vollendung des 6. Lebensmonats am

Beim Wesenstest für Retriever wird getestet, wie sich der Hund gegenüber einer Gruppe fremder Personen verhält.

Wesenstest teilnehmen. Es werden im DRC nur Hunde mit FCI-Ahnentafeln geprüft. Im LCD dürfen, sofern die vorhandenen Prüfungsplätze an einem Testtag nicht vollständig mit FCI-Hunden belegt werden können, auch Labrador Retriever teilnehmen, die in einem Verein ohne VDH/FCI-Anerkennung oder sogar gänzlich ohne Papiere gezüchtet wurden. Läufige Hündinnen sowie kranke oder verletzte Hunde können nicht teilnehmen. Ebenso dürfen Hunde, die unter Medikamenten (zum Beispiel Reisetabletten gegen Übelkeit beim Autofahren) stehen, nicht getestet werden. Hunde, die nicht identifiziert werden können, und Hunde ohne Nachweis einer gültigen Impfung dürfen ebenfalls nicht getestet werden.

Zum Wesenstest sollte der Hund von seiner Bezugsperson, also der Person, zu der er das größte Vertrauen hat, vorgestellt werden. Während des gesamten Wesenstests bewegt sich der Hund frei – also ohne Leine und Halsband und ohne spezielle Kommandos. Der Wesenstest muss immer in einer absolut friedlichen Situation durchgeführt werden.

Er besteht aus folgenden Elementen:

Umfassende Befragung des Teilnehmers durch den Wesensrichter bezüglich

- der Aufzucht- und Haltungsumstände des Hundes (eventuelle Besitzerwechsel, Zwingerhaltung, Einzel- bzw. Rudelhaltung, Lebensraum, Umwelterfahrung usw.)
- des Verwendungszweckes und des Ausbildungsstandes
- des physischen und psychischen Entwicklungszustandes (Geschlechtsreife, Läufigkeit, durchlebte Krankheiten, Unfälle usw.)

81

Auch das Überprüfen des Verhaltens gegenüber optischen und akustischen Reizen – hier eine scheppernde Waschmaschinentrommel – ist Bestandteil des Wesenstests.

■■ der aktuellen Verfassung des Hundes (Einfluss von Medikamenten oder Ähnliches)

Diese Angaben sind immer vertraulich zu behandeln.

Nach der Befragung des Führers des zu testenden Hundes wird der Hund abgeleint und das Halsband abgenommen, damit sich der Hund frei bewegen kann. Er darf jetzt nicht mehr unter Kommando stehen, da jetzt mit dem eigentlichen Wesenstest begonnen wird.

Für Ihren Labi ist der Wesenstest ein interessanter Spaziergang, auf dem ihm viele unbekannte Menschen sowie verschiedene optische und akustische Reize begegnen werden. Hierzu gehören:

■■ Spaziergang mit dem Hund über eine Wiese/ein Feld
■■ Spaziergang durch eine Gruppe von fremden Menschen
■■ Spiel vom Besitzer mit dem Hund
■■ Spiel einzelner fremder Menschen mit dem Hund
■■ Verhalten in der Menschenmenge
■■ Verhalten gegenüber optischen und akustischen Reizquellen
■■ Schusstest

Aus Erfahrungen, die ich selbst bei einigen Wesenstests als Sonderleiterin und bei meinen eigenen Hunden, die ich auf Wesenstests geführt habe, sammeln konnte, kann ich sagen, dass das Durchlaufen eines Wesenstests den meisten Hunden einen großen Spaß macht und sie die gestellten Aufgaben und Stationen in den meisten Fällen ohne Probleme und mit viel Freude meistern. Die Labrador Retriever, die einen solchen Test nicht bestehen, sind in der Regel in der Minderzahl.

Einen Labi richtig erziehen

Jede Hunderasse hat typische Wesensmerkmale, die bei der Erziehung berücksichtigt werden sollten, um den gewünschten Erfolg zu erzielen. Auch bei der Erziehung der liebenswerten Labis gibt es einiges zu beachten.

Bevor im Folgenden die wichtigsten Übungen und Erziehungsmaßnahmen für Ihr Labi-Kind beschrieben werden, sollten Sie folgenden Grundsatz immer berücksichtigen: Ob zu Hause oder draußen – geben Sie niemals ein Kommando, das sie nicht durchsetzen können! Sonst lernt Ihr Labi nämlich umso schneller, dass er gar nicht tun muss, was Sie von ihm verlangen.

Besonders beim Welpen und beim jungen Hund in den Flegeljahren gibt es immer wieder Situationen, in denen der Vierbeiner abgelenkt oder in etwas anderes so vertieft ist, dass er auf Ihr Kommando nicht reagiert. Das kann beim Spielen mit Artgenossen, beim Buddeln in der Erde, beim Toben im Wasser oder beim Verfolgen einer Duftspur sein.

Wenn Ihr Labi nach zwei- bis dreimaligem Rufen nicht reagiert, hören Sie auf ihn zu rufen.

Gehen Sie zu ihm hin, leinen ihn kommentarlos an und setzen den Weg fort. Nach kurzer Strecke leinen Sie ihn wieder ab und geben ihn mit einem Kommando frei. So hat er zwar seine letzte Tätigkeit unterbrochen, verbindet damit aber kein negatives Erlebnis. Vermeiden Sie es, ihn zu schimpfen oder gar zu bestrafen, da er dadurch in Zukunft noch weniger motiviert wäre, zu Ihnen zu kommen.

Das Lernprinzip

Hunde lernen am besten durch positive Verstärkung, also durch Lob und Belohnung für ein gewünschtes Verhalten. Einen Hund für einen Fehler oder ein unerwünschtes Verhalten zu bestrafen, mag vielleicht in dem Moment eine Wirkung erzielen, würde sich aber auf Dauer nur negativ auf die Erziehung und vor allem das notwendige Vertrauen, dass der Hund zu seinen Menschen haben sollte, auswirken.

Ein liebevolles, zärtliches Ansprechen sowie sanftes Streicheln

Das Lernprinzip basiert auf positiver Verstärkung – wie zum Beispiel das Belohnen mit einem Leckerli.

83

sind für Ihren Labi ein ganz großes Lob. Neben dem Lob durch Stimme und Körperkontakt ist für einen Hund, ganz besonders für einen Labrador Retriever, die Futterbelohnung fast noch wichtiger.

Für die positive Verstärkung sollten natürlich besonders leckere Futterstückchen verwendet werden. Je nach Vorliebe Ihres Hundes können das beispielsweise Käsewürfel, Wurststückchen, gekochtes, klein geschnittenes Hühnerfleisch oder Herz sein. Finden Sie heraus, was Ihrem Labi am besten schmeckt und wodurch er am meisten zu motivieren ist.

Eine weitere Möglichkeit, den Hund für bestimmte Aufgaben zu motivieren oder zu belohnen, ist das Spielen mit einem Spielzeug. Beim Labrador Retriever bietet sich als Belohnung immer ein Apportierspiel an, da ihm das im Blut liegt und er immer daran Spaß hat.

Das richtige Timing

Bei der Hundeerziehung ist das richtige Timing besonders wichtig. Jede Bestätigung und jedes Lob sollten für den Hund unmittelbar mit der jeweiligen Situation zu verknüpfen sein. Wenn zwischen der gewünschten Handlung und dem Lob oder der Belohnung mehr als zwei bis drei Sekunden liegen, kann es sein, dass Ihr Labi gar nicht mehr richtig weiß, wofür er nun eigentlich belohnt wurde.

Sobald er also ein Kommando richtig umgesetzt hat, loben Sie ihn sofort und geben ihm ein Belohnungshäppchen. Das Leckerli sollten Sie hierfür schon in der Hand haben, damit Sie nicht erst lange in Ihrer Tasche kramen müssen. Bei besonders guter Leistung oder wenn Ihr Hund noch mehr motiviert werden muss, können Sie ihm auch mehrere Leckerli hintereinander geben.

Die ersten Übungen im Haus

Manche Welpen haben einen ausgeprägten Forschungsdrang, indem sie alles mit ihren Zähnen untersuchen. Man muss bedenken, ein Hund hat keine Hände wie der Mensch, um einen Gegenstand anzufassen, sondern er hat nur die Möglichkeit, mit seinem Maul bestimmte Dinge zu erkunden. Sollte er deshalb versuchen, Möbel, Teppiche und andere Gegenstände mit seinen Zähnen zu bearbeiten, teilen Sie ihm unmissverständlich mit einem scharfen „Nein" oder „Lass" mit, dass Sie das nicht möchten. Lässt er von seinem Tun ab, loben Sie ihn mit freundlicher Stimme.

Auch beim Füttern sollten Sie konsequent sein. Gewöhnen Sie Ihrem Welpen an, dass er ruhig in der Küche sitzt und wartet, bis Sie sein Futter zubereitet haben. Das geht am Anfang am besten, wenn man zu zweit ist, denn ein Welpe kann einfach noch nicht so lange still sitzen und warten – besonders, wenn es sich um etwas so Wichtiges wie sein Futter handelt.

Wenn das Futter dann fertig zubereitet ist und Sie den Futternapf auf den

Boden gestellt haben, lassen Sie ihn noch kurz sitzen (am besten hält ihn Ihr Helfer kurz fest), bevor Sie ihn an den Futternapf gehen lassen. Dann geben Sie das Kommando wie zum Beispiel „Geh essen", während Ihr Helfer gleichzeitig den Welpen loslässt, damit er zu seinem Napf gehen und seine Mahlzeit zu sich nehmen kann. Am Anfang sollten Sie Ihren Welpen höchstens ein paar Sekunden warten lassen. Erst später wird die Zeitspanne immer etwas mehr verlängert. Wenn diese Übung gut klappt, haben Sie dann einen Hund, der immer geduldig wartet, bis sein Futter zubereitet ist, und nicht ungeduldig und hektisch an den Küchenschränken oder seinem Menschen hochspringt.

Auch wenn Fressen die ganz große Leidenschaft von einem Labrador Retriever ist, sollten Sie diese Übung konsequent durchführen. Sie entspricht ja auch der „Steadiness", die so typisch für Retriever ist und beim späteren Einsatz, egal ob bei der Dummy-Arbeit, als Therapiebegleithund oder im Jagdeinsatz, erwartet wird. So legen Sie gleich einen Grundstein für die spätere Ausbildung.

Die stürmische Begrüßung

Besonders bei Labi-Welpen und Junghunden ist die übermäßige Freundlichkeit zu allen Menschen und die überschwängliche Begrüßung eine ganz typische Eigenschaft, die den Zweibeiner manchmal schier zum Ver-

Das ist typisch für einen Labi – die stürmische Begrüßung.

zweifeln bringt. Jede auf Spaziergängen entgegenkommende Person – egal ob sie bekannt oder fremd ist – wird von dem quirligen Labi neugierig in Augenschein genommen und stürmisch begrüßt. Dabei rennt er in vollem Tempo auf den Menschen zu, wobei die Rute so kräftig hin und her gewirbelt wird, dass sogar das ganze Hinterteil mit in Bewegung kommt, um anschließend an dem Menschen hochzuspringen, so weit es geht. Verhält sich die Person dann sogar noch freundlich gegenüber dem Hund, ist er überhaupt nicht mehr zu bändigen. Aber nicht immer trifft man dabei auf Verständnis bei den betroffenen Personen, vor allem, wenn der Vierbeiner nicht mehr ein winziger, putziger Welpe ist und seine Pfoten deutliche Spuren auf der Kleidung hinterlassen oder der Mensch grundsätzlich Angst vor Hunden hat.

Somit ist es äußerst sinnvoll, seinem Labi dieses überschwängliche Begrüßungsverhalten abzugewöhnen und ihn möglichst zuverlässig abrufen zu können, wenn man sich eventuellen Ärger dadurch ersparen möchte. Denn auch wenn diese Menschenfreundlichkeit eine typische und erwünschte Eigenschaft ist und auf keinen Fall als negatives oder gestörtes Verhalten interpretiert werden darf, sollte es in Maßen gehalten werden. Hierfür ist von Anfang an ein gezieltes Training erforderlich.

Mit dem Hochspringen ist das so eine Sache, denn man muss den Hund entgegen seiner natürlichen Veranlagung erziehen, was manchmal sicher nicht ganz einfach ist. Wenn Sie einmal beobachten, wie ein Welpe einen erwachsenen Artgenossen begrüßt, wird Ihnen sicher klar, warum junge Hunde bei der Begrüßung am Menschen hochspringen. Ein Welpe, der schon feste Nahrung zu sich nehmen kann, wird, wenn er von seiner Mutter gefüttert werden will, mit seiner Schnauze die Mundwinkel der Hündin anstupsen und damit bei seiner Mutter den Reflex auslösen, ihr vorher Gefressenes hervorzuwürgen. Ebenso wird ein Welpe, wenn er einen ranghöheren Artgenossen begrüßt, aus Höflichkeit versuchen, dessen Lefzen zu erreichen und zu lecken. Und da er ja ein höflicher Labi ist und den Hundeknigge absolut beherrscht, wird er dieses Verhalten auch bei der Begrüßung des Menschen zeigen. Da aber der Mensch eben auf zwei Beinen geht und somit wesentlich größer ist als ein hündischer Artgenosse, wird der Welpe am Menschen hochspringen, um an die Mundwinkel zu kommen.

Wenn Sie Ihren Welpen begrüßen, gehen Sie deshalb dazu immer in die Hocke, so hat der kleine Kerl erst gar nicht das Bedürfnis, an Ihnen hoch zu springen. Auch Ihre Besucher sollten nach Möglichkeit Ihren Labi in der Hocke sitzend begrüßen. So lernt Ihr Welpe, dass man die Menschen auch begrüßen kann, ohne an ihnen hochzuspringen, und er sich genauso freuen kann, wenn er alle vier Pfoten auf dem Boden hat.

Später, wenn Ihr Labi etwas älter ist und eigentlich schon weiß, dass man seine Menschen zur Begrüßung nicht anspringt, es aber doch noch ab und zu im Eifer des Gefechts passiert, dreht man sich einfach weg, ig-

noriert ihn und geht weiter. So wird er recht schnell lernen, dass er mit

Hoch- und Anspringen nicht zum Ziel kommt und er nur von seinen Menschen begrüßt wird, wenn er das Hochspringen unterlässt.

Auch Beißhemmung will gelernt sein

Früher wurde angenommen, die Beißhemmung sei bei einem Hund angeboren. Heute weiß man jedoch, dass auch sie erlernt werden muss, und zwar noch, bevor der Zahnwechsel abgeschlossen ist. Wie wichtig es ist, die Beißhemmung mit ihrem Labi-Kind zu üben, werden sie spätestens merken, wenn Sie beim Spielen die spitzen Welpenzähnchen zu spüren bekommen.

Um Ihrem kleinen Racker beizubringen, dass dieses Verhalten nicht erwünscht ist, reagieren Sie ähnlich, wie es seine Artgenossen tun würden, die plötzlich laut fiepen und dann ihren Spielpartner links liegen lassen. Äußern Sie also jedes Mal, wenn Ihr Labi zu fest zubeißt, in heller Tonlage ein „Aua" oder ein „Nein", unterbrechen sofort das Spiel und wenden sich ab. Verdutzt wird Ihr Kleiner Sie anschauen und schnell begreifen, dass es gar nicht lustig ist, wenn er zu wüst wird, weil dann das schöne Spiel beendet wird.

Lässt Ihr Labi aufgrund Ihres „Fiepens" nicht sofort los, wenden Sie den auch unter Hunden üblichen Schnauzengriff an, indem Sie mit der Hand kurz und energisch über seinen Fang greifen. Dieser Griff wird auch

Die Beißhemmung muss erlernt werden. Am besten fängt man damit so früh wie möglich an. **87**

als Dominanzgriff bezeichnet. Mit diesem Griff können Sie übrigens auch Ihren Labi dazu bringen, etwas aus seinem Fang abzugeben, falls er später zum Beispiel beim Apportieren das Apportel nicht freiwillig abgibt.

Nach einer kurzen Unterbrechung wenden Sie sich Ihrem Welpen erneut zu und fordern ihn freundlich auf weiterzuspielen. Bleibt er angemessen zärtlich, loben Sie ihn gebührend. Durch diese Vorgehensweise lehren Sie ihn gleich mehrere wichtige Lektionen, nämlich dass er mit Beißen und Zwicken keine Aufmerksamkeit erhält und dass allein Sie als Rudelführer das Kommando zum Anfangen oder Beenden einer gemeinsamen Unternehmung geben.

Übrigens fördert das Füttern mit leckeren Belohnungshappen aus der Hand auch die Beißhemmung, da der Welpe auf diese Weise den sanften Umgang mit der menschlichen Hand lernt. Geben Sie den Leckerbissen nur frei, wenn ihn der Hund vorsichtig und langsam aufnehmen will. Ist er zu wüst, halten Sie die Handfläche vor seine Nase und warten Sie, bis er sich beruhigt und langsam danach mit der Schnauze greift.

Da für einen Labrador Retriever einerseits Fressen zu seinen Leidenschaften gehört und er andererseits für seine Weichmäuligkeit bekannt ist, wird ihm diese Übung nicht allzu schwer fallen und er wird schnell verstehen, was Beißhemmung bedeutet.

Komm her!

Das zuverlässige Abrufen ist einer der wichtigsten Bestandteile der Hundeerziehung. Denn je zuverlässiger sich Ihr Labi abrufen lässt, umso mehr Freiheit wird er in seinem Leben haben und muss nicht ständig an der Leine geführt werden.

Grundsätzlich gilt, dass Ihr Hund auf dem Spaziergang immer auf Sie achten sollte und nicht umgekehrt. Bei einem Welpen ist das kein Problem, da er sich freiwillig nie weit von seinem Rudelführer entfernt. Je älter der Hund aber wird, umso weiter wird der Radius, in dem er sich bewegt. Damit er sich nicht schließlich Ihrem Einfluss ganz entzieht, sollten Sie rechtzeitig dem entgegenwirken.

Läuft Ihr Labi nach Ihrem Dafürhalten zu weit voraus, rufen Sie ihn nicht ständig, ohne eine konsequente Übung durchzuführen. Denn durch das ständige Rufen verliert er schnell die Lust, zu Ihnen zu kommen. Außerdem weiß er dann genau, dass Sie ja da sind, und braucht somit nicht mehr auf Sie zu achten. Ziehen Sie von Anfang an die Aufmerksamkeit Ihres Hundes immer wieder auf sich, damit Sie für ihn interessant bleiben.

Hierfür eignen sich besonders gut Versteckübungen. Stellen Sie sich während des Spaziergangs ohne Vorankündigung hinter eine Mauer, einen Baum oder eine Hecke, am besten so, dass Sie Ihren Vierbeiner noch beobachten können, er Sie aber nicht mehr sieht. In der Regel schaut ein Hund regelmäßig nach hinten, um sich kurz davon zu überzeugen, dass sein Mensch noch da ist. Entdeckt er Sie bei seinem nächsten Kontrollblick nicht, wird er in dem Moment alles andere vergessen und sofort umdrehen, um Sie zu suchen. Hat er Sie dann gefunden, begrüßen Sie ihn voller Freude und belohnen ihn mit einem tollen Spiel oder einem Leckerli. Diese Übung sorgt dafür, dass Ihr Hund ständig versucht, in Kontakt mit Ihnen zu bleiben, und fördert die Bindung ungemein.

Sie können auch einfach abrupt die Richtung ändern. Wenn der Hund festgestellt hat, dass die Entfernung zwischen Ihnen größer geworden ist als erwartet und Sie obendrein noch woanders hingehen, wird er Ihnen neugierig folgen.

Je älter ein Labi wird, desto weiter entfernt er sich von seinem Menschen und lässt sich ablenken. Daher sollte das Heranrufen schon von klein auf geübt werden.

Sie können auch einmal in die Hocke gehen und ganz interessiert so tun, als wäre da etwas Tolles auf dem Boden. Auch das wird Ihr Labi sehr aufregend finden und zu Ihnen kommen.

Diese spielerischen Übungen können Sie sehr gut mit dem Heranrufen verbinden. Wenn Sie in dem Moment, in dem Ihr Labi auf Sie zugerannt kommt, „Hier" rufen und ihn beim Ankommen belohnen und mit ihm spielen, wird er auch in Zukunft immer freudig zu Ihnen kommen. Gleichzeitig wird das Kommando „Hier" erlernt und gefestigt.

Den größten Fehler, den viele Hundehalter bei der Grunderziehung machen, ist das Hinterherlaufen hinter dem eigenen Hund, wenn er nicht kommt und sich dem Menschen entziehen will. Einerseits ist er ohnehin viel schneller, sodass in der Regel kein Mensch einen Hund einholen kann. Andererseits sieht er darin ein großartiges Spiel, in dem nämlich er bestimmt, was der Mensch zu machen hat.

> **!**
>
> **Kommen muss Spaß machen!**
> Vermeiden Sie es, Ihren Labi immer sofort wieder anzuleinen, sobald er zu Ihnen zurückkommt, weil dann die Gefahr besteht, dass es für ihn nicht so angenehm und interessant ist und er sich deshalb lieber Ihrem Einfluss entzieht und nicht oder erst nach Zögern zurückkommt. Belohnen Sie zwischendurch immer wieder das Zurückkommen mit einem Spiel oder einer Streicheleinheit und geben den Hund danach gleich wieder frei. Dann verbindet er etwas Positives mit dem Zurückkommen und wird auch weiterhin freudig auf Ihren Ruf reagieren.

Aufmerksamkeit ist wichtig

Wenn Sie mir Ihrem Labi spielen, üben oder arbeiten, sollte er Ihnen im Idealfall seine ganze Aufmerksamkeit schenken. Vorbereitende Übungen können Sie schon mit dem Labi-Kind durchführen.

Lassen Sie den Hund vor sich sitzen und nehmen die Hände, die mit einigen Leckerli gefüllt sind, auf den Rücken. Nun warten Sie, bis Ihr Hund Sie zufällig von sich aus mit direktem Augenkontakt anschaut. Belohnen Sie den Hund mit Futter wechselweise aus der rechten und der linken Hand. Wichtig ist, dass der Hund Sie aus eigenem Antrieb anschaut und nicht durch eine Geste oder ein Geräusch von Ihnen dazu veranlasst wird. Diese Übung wird mehrfach wiederholt, wobei die Dauer des Blickkontakts allmählich verlängert wird. Als Variation können sie die gleiche Übung mit dem Hund auf Ihrer linken Seite sitzend durchführen. Nimmt der Hund auch unter Ablenkung sicher Blickkontakt mit Ihnen auf, können Sie zusätzlich ein Signalwort für den Blickkontakt einführen wie zum Beispiel „Schau", „Watch", „Look" oder „Guck".

Bevor mit den ersten Übungen begonnen wird, ist es ganz wichtig, dass der Welpe seinem Menschen Aufmerksamkeit schenkt.

Das Prinzip dieser Übung, nämlich dass der Hund aus eigenem Antrieb eine Aktivität zeigt, die dann durch Sie bestätigt wird, ist sehr hilfreich, da es das Grundprinzip beim Erlernen neuer Übungen darstellt.

Wenn Sie ein Aufmerksamkeitswort haben, kann das später beim Erziehungskurs oder bei einer Prüfung sehr hilfreich sein, um Ihren Labi aufmerksam zu machen, wenn er gerade abgelenkt sein sollte.

Die wichtigsten Kommandos

Bei der Erziehung eines Retrievers ist es wichtig, klare und eindeutige Kommandos mit den verschiedenen Aufgaben und Übungen in Verbindung zu bringen und konsequent zu verwenden. Denn ein Hund lernt sehr schnell, was bestimmte Kommandos bedeuten. Hierbei sind aber nicht nur Hörzeichen gemeint, sondern auch Sichtzeichen, die besonders für Anweisungen aus größerer Entfernung sehr sinnvoll sind. Somit sollte

Ihr Labi von Anfang an für die grundlegenden Kommandos sowohl Hör- als auch Sichtzeichen kennenlernen.

Die ersten Sitz-Übungen

Ihr Labi-Welpe wird das Sitz ganz schnell lernen. Nehmen Sie ein Leckerli in die Hand und bewegen es über seinen Kopf leicht nach hinten. In der Regel geht der Hund dann mit seinem Hinterteil automatisch nach unten, wenn der Kopf in einem entsprechenden Winkel nach oben geht. Sobald Ihr Labi sitzt, wird er belohnt. Klappt das dann zuverlässig, können Sie auch das Hörzeichen mit einführen. Die Übung lässt sich dann noch variieren, indem der Hund mal vor Ihnen, mal links oder auch mal rechts von Ihnen sitzt. Sie können dann auch schon wenige Schritte vom Hund weggehen, um sofort wieder zu ihm zurückzukehren und ihn anschließend zu belohnen.

Die ersten Platz-Übungen

Zunächst sollten Sie Ihren Labi aus der Sitz-Position in das Platz bringen, da es leichter ist als aus dem Stehen. Bewegen Sie hierfür die Futterhand ein kleines Stück nach vorn und nach unten. Der Welpe wird der Futterhand folgen und sich dadurch in die Platzposition begeben. Sobald er richtig liegt, wird er sofort mit dem Leckerli bestätigt. Auch hier kann das Hörzeichen mit eingeführt werden, sobald das Einnehmen der Platz-Position gut funktioniert.

Dann kommt als Nächstes das Platz aus dem Stehen. Der Welpe soll hierbei weder zuerst mit den Vorderbeinen noch zuerst mit den Hinterbeinen nach unten gehen und die jeweilige Körperhälfte nachziehen, sondern er soll möglichst gleichzeitig mit allen vier Beinen nach unten in die Platzposition gehen. Auch hier wird die Futterhand wie oben beschrieben eingesetzt. Diese Übung erfordert etwas mehr Geduld und es dauert vielleicht etwas länger, bis es klappt. Versuchen Sie aber nicht, Ihren Labi mit Gewalt nach unten zu drücken. Er soll diese Bewegung von allein und korrekt ausführen.

Funktioniert der Bewegungsablauf gut, kann das Platzkommando hinzugefügt werden. Wenn hier der Bewegungsablauf von Anfang an richtig geformt wird, behalten ihn die meisten Hunde im Zusammenhang mit dem Kommando langfristig bei.

Hörzeichen

Bei Retrievern sollten neben den gerufenen Befehlen auch die Hörzeichen mit einer Pfeife zum Einsatz kommen, und zwar für die drei grundlegenden Kommandos „Hier", „Sitz" und „Platz". Die beiden Kommandos für Sitzen und Hinlegen sollten später auch aus der Entfernung zuverlässig befolgt werden. Daher ist es besonders sinnvoll, sie mit dem Pfeifkom-

Die richtige Körpersprache des Menschen ist bei der Erziehung des Labis wichtig.
a: Sitz auf Entfernung, b: Platz auf Entfernung, c: richtiges Vorsitzen, d: Grundstellung

mando einzuüben, da dieses Hörzeichen auch über weitere Entfernungen eindeutig zu erkennen ist.

Mit der Hundepfeife ist in diesem Zusammenhang nicht die Pfeife gemeint, die nur sehr hochfrequente Töne hervorbringt, die wir Menschen nicht oder kaum wahrnehmen, sondern die sogenannte Jagdhund-Dressurpfeife. Sie besitzt an jedem Ende eine Öffnung. Auf einer Seite wird ein einfacher Pfiff erzeugt, auf der anderen ein sogenannter Triller, der an den Ton einer Trillerpfeife erinnert. Diese Pfeifen werden aus Büffelhorn oder Kunststoff hergestellt und lassen sich am besten an einer Kordel um den Hals tragen. Sie sind ein äußerst sinnvolles Hilfsmittel bei der Hundeerziehung. Denn das durch sie erzeugte Hörzeichen ist immer exakt gleich, sodass es kein Missverständnis geben kann. Unsere Stimme kann sich dagegen je nach Situation und eigener Stimmung sehr unterschiedlich anhören, wodurch der Hund unser Kommando durchaus mal falsch interpretieren kann. Auf größere Entfernungen ist es wesentlich einfacher, die Kommandos mit einer Pfeife zu übermitteln, statt laut herumschreien zu müssen.

Sichtzeichen

Da der Hund nicht nur auf unsere Stimme, sondern ganz besonders auch auf unsere Körpersprache achtet, ist es äußerst sinnvoll und vor allem praktisch, bestimmte Sichtzeichen zu verwenden. Sobald Ihr Labi zu Ihnen schaut, kann er auch aus größerer Distanz die einzelnen Sichtzeichen genau erkennen.

In Form von Sichtzeichen lassen sich natürlich nicht so viele verschiedene Kommandos vermitteln wie durch die Stimme. Somit bieten sich die Sichtzeichen besonders für die häufigsten Grundkommandos wie „Sitz", „Platz", „Bleib" und „Fuß" an. Aber auch das Heranrufen kann mit Sichtzeichen unterstützt werden. Manche Kommandos wären allerdings ohne

Aufgabe	Stimme	Sichtzeichen	Pfeife
Herkommen	„Hier"	Arm wird erhoben und winkt dann Richtung Bein	kurzer Doppelpfiff
Sitzen	„Sitz"	Hand mit erhobenem Zeigefinger	kurzer Einfachpfiff
Hinlegen	„Platz"	Offene Handfläche weist nach unten	einmal Triller
Bei Fuß gehen	„Fuß"	Linke Hand klopft an linken Oberschenkel	–
Der Hund soll dort bleiben, wo er gerade ist	„Bleib"	Offene Handfläche weist nach vorn Richtung Hund	–

Sichtzeichen gar nicht möglich, wie zum Beispiel die Richtungsanweisung bei der Dummy-Arbeit (siehe S. 112).

Ein erhobener Zeigefinger der vor den Körper gehaltenen Hand ist das Zeichen für Sitz. Wenn Ihr Hund schon das Sitzkommando beherrscht, halten Sie den Finger gleichzeitig hoch und loben Ihren Hund sofort, sobald er sich hingesetzt hat. Schon nach wenigen Übungen wird er dieses Sichtzeichen kennen und sicher darauf reagieren.

Das Sichtzeichen für Platz ist die mit der offenen Handfläche nach unten gehaltene Hand. Mit der Platzübung sollte erst begonnen werden, wenn Ihr Hund das Sitz gut beherrscht. Die Platzübung kann aus der Sitzposition oder aus dem Stehen heraus durchgeführt werden.

Auch für das Bei-Fuß-Gehen kann ein Sichtzeichen antrainiert werden. Hierfür klopfen Sie einfach mit der linken Hand kurz auf Ihren linken Oberschenkel. Diese Übung können Sie zunächst mit Leine durchführen. Der Hund wird sofort bestätigt, sobald er einige Schritte in der richtigen Position gelaufen ist. Wenn er Sicht- und Hörzeichen richtig umsetzt, können Sie die Übung auch ohne Leine durchführen. Später reicht dann ein Klopfen auf den Oberschenkel aus, um den Hund in die Fuß-Position zu bringen.

Wenn Sicht- und Hörzeichen gleichzeitig gegeben werden, überlagert das Sichtzeichen immer das Hörzeichen. Wenn sich der Hund also nicht ganz sicher ist, wird er sich immer am Sichtzeichen orientieren. Denken Sie daran, wenn Sie mir Ihrem Labi üben, und achten Sie darauf, dass bei Ihnen Körpersprache und Sichtzeichen auch immer dem vom Hund erwarteten Verhalten entsprechen.

Bleib – eine wichtige Übung

Die ausgestreckte, aber senkrecht gehaltene Hand kann als Sichtzeichen für „Bleib" verwendet werden. Hierbei spielt es keine Rolle, ob der Hund steht, sitzt oder liegt.

Das Kommando „Bleib" mit dem passenden Sichtzeichen können Sie schon zu Hause in den verschiedensten Situationen üben. Liegt Ihr Hund zum Beispiel auf seiner Decke, beobachtet Sie aber genau und würden Ihnen sofort gern folgen, sagen Sie das Kommando und heben die Hand als Sichtzeichen, während Sie sich langsam entfernen.

Am Anfang reichen schon ein paar Sekunden. Ist er brav liegen geblieben, gehen Sie sofort zurück und loben ihn, aber nicht zu stürmisch. Führen Sie diese Übungen immer mal wieder durch, wobei Sie die Entfernung zu Ihrem Hund allmählich vergrößern. Wird der Hund unruhig und bleibt nicht an seinem Platz, verkürzen Sie wieder die Entfernung, bis die Übung gut klappt. Später können Sie das „Bleib" auch im Garten üben und schließlich draußen beim Spaziergang, wenn Sie Ihren Hund mal auf einer Wiese sitzen oder ablegen lassen wollen. Die Krönung dieser Übung ist eine Situation, in der Ihr Hund – auch unter Ablenkung – auf seinem

Das Ablegen unter Ablenkung sollte bei Fortgeschrittenen auch in der Gruppe geübt werden.

Platz sitzen oder liegen bleibt, während Sie außer Sicht gehen, und erst wieder aufsteht, wenn Sie zurückkehren und ihn abrufen oder abholen.

Wo sind Sichtzeichen erlaubt?

An dieser Stelle sei gleich darauf hingewiesen, dass Sie bei einer Begleithundprüfung Ihren Hund nur mit Hörzeichen führen dürfen. Werden Sichtzeichen verwendet, gibt es Punktabzug.

In den verschiedenen Sportarten, bei der Dummy-Arbeit und den Jagd- und Bringleistungsprüfungen sind dagegen Sichtzeichen und/ oder Hörzeichen erlaubt. Somit ist es sogar empfehlenswert, den Labi schon frühzeitig auch mit Sichtzeichen zu trainieren, wenn Sie später vielleicht hundesportliche Ambitionen haben.

Leinenführigkeit

Die Leinenführigkeit ist eine der wichtigsten Voraussetzungen für einen stressfreien Spaziergang mit Ihrem Labrador Retriever, wenn Sie in der Stadt oder in Gegenden unterwegs sind, wo Leinenpflicht herrscht. Daher sollte dies so früh wie möglich geübt werden. Ist die Leinenführigkeit Ihrem Labi in Fleisch und Blut übergegangen, hält dieses erwünschte Verhalten in der Regel ein Hundeleben lang und muss nur gelegentlich mal „aufgefrischt" werden.

95

Sobald Ihr Labi an Halsband und Leine im Haus gewöhnt ist, beginnen Sie mit der Leine kleine Erkundungstouren im Garten oder auf der nächsten Wiese. Anfänglich darf er mit Ihnen spazieren gehen, wohin er will. Versuchen Sie, ihm zu folgen, und seien Sie bemüht, dass die Leine sich nicht strafft, sondern für den Hund kaum spürbar bleibt. So empfindet er sie nicht als störend, lernt aber dadurch, in Ihrer Nähe zu bleiben und sich wohl und sicher zu fühlen.

Die Leinenführigkeit ist wichtig für einen stressfreien Alltag und sollte regelmäßig wieder aufgefrischt werden.

Wenn das An-der-Leine-Laufen einigermaßen funktioniert, fangen Sie behutsam damit an, dorthin zu gehen, wohin Sie möchten. Muntern Sie Ihren Labi auf, Ihnen irgendwie auf der linken Seite zu folgen. Am einfachsten funktioniert das, wenn Sie ihm ein Leckerli vor die Schnauze halten. Falls er extrem an der Leine zieht oder herumtobt, bleiben Sie ganz ruhig stehen, bis er sich wieder beruhigt hat und die Leine locker hängt. Ignorieren Sie sein unmögliches Benehmen und verzichten Sie auf strafende Worte und Gezerre an der Leine. Durch Ihre Ignoranz wird Ihr Labi schnell lernen, dass sein Gezerre an der Leine unangenehm und nicht richtig ist. Wahrscheinlich wird er sich sogar hinsetzen und Sie fragend anschauen. Gehen Sie erneut weiter und loben ihn, sobald er einigermaßen gesittet neben Ihnen – möglichst links – läuft.

Warum links führen?

Es ist allgemein üblich, dass ein Hund auf der linken Seite geführt wird. Seit der Zeit, als die Menschen begannen, Hunde mit zur Jagd nehmen und in der rechten Hand die Waffe trugen, hat sich eingebürgert, dass ein Hund an der linken Seite läuft. Auch wenn die wenigsten Hundeführer in der heutigen Zeit Jäger sind, so gibt es viele Rechtshänder unter uns, die dankbar sind, wenn sie ihren Hund links führen und die rechte Hand stets frei haben, um Türen zu öffnen, Menschen zu begrüßen, Gegenstände zu tragen und vieles mehr. Außerdem wird bei allen Prüfungen und Wettkämpfen beim Hundesport, an denen der Hund an der Leine geführt wird, verlangt, dass er an der linken Seite läuft. Somit ist es sinnvoll, seinen Hund von Anfang an bei der Erziehung und beim Durchführen verschiedener Übungen immer an der linken Seite zu führen. Nicht zuletzt hat das Links-Führen des Hundes noch einen weiteren Vorteil: Wenn alle die gleiche Seite benutzen, kommt sich in der Regel auch niemand in die Quere, wenn man zum Beispiel in der Stadt oder bei Veranstaltungen anderen Hundehaltern begegnet.

Wie lange soll man üben?

Ein junger Hund kann sich noch nicht lange am Stück konzentrieren. Es genügt, mit dem Welpen täglich einige Minuten zu üben. Motivieren Sie ihn mit einem Leckerli vor der Schnauze, seinem Lieblingsspielzeug oder einfach Ihrer Stimme. Während Ihr Labi dann an Ihrer linken Seite in Höhe ihres Knies läuft, wird er sofort mit der Stimme und/oder durch ein Leckerli gelobt oder er bekommt sein Lieblingsspielzeug zum Tragen. Sobald Ihr Labi einige Meter ordentlich gelaufen ist, beenden Sie die Übung. Das Ende muss immer mit einem Erfolgserlebnis verbunden sein. Verlängern Sie allmählich den Zeitraum zwischen den Belohnungen.

Beenden Sie jedoch die Übung der Leinenführigkeit niemals dann, wenn Ihr Hund gerade an der Leine herumzerrt oder hineinbeißt. Dann hat er nämlich das erreicht, was er wollte – er ist die noch lästige Leine wieder los und der Meinung, dass An-der-Leine-Laufen heißt, sich daneben zu benehmen!

Grundsätzliches zum Fußgehen

Jeder Hund sollte vernünftig an der Leine laufen können, ohne daran zu ziehen oder ständig die Seite zu wechseln. Auf das korrekte Bei-Fuß-Gehen wird in den Erziehungskursen sehr geachtet und auch im Alltag sollten Sie beim Spaziergang zwischendurch das richtige Bei-Fuß-Gehen **97** üben, sowohl mit als auch ohne Leine. Erwarten Sie aber bitte nicht, dass Ihr Hund den gesamten Spaziergang in der korrekten Position neben Ihnen herläuft. Egal, ob Sie Ihren Hund anleinen müssen oder ob er frei laufen darf, sollte er sich bei den täglichen Spaziergängen auch von Ihnen etwas entfernen dürfen, gelegentlich auch mal anhalten oder die Seite wechseln, um in aller Ruhe den vielen Gerüchen nachgehen zu können – die wichtigsten Eindrücke für den Hund auf einem Spaziergang. Wenn der Hund ständig auf Kniehöhe neben Ihnen gehen muss, ist der Spaziergang für ihn weder entspannend noch werden dadurch alle seine Sinne gefordert.

Wenn Sie selbst der eher sportliche Typ sind und Ihren Labi beim Joggen mitnehmen möchten, wählen Sie dafür am besten Gegenden, wo Sie ihn frei neben sich laufen lassen können, wo also kein oder nur sehr wenig Autoverkehr herrscht. Dann ist es für beide Beteiligten wesentlich entspannter. Ein guter Grundgehorsam ist hierfür natürlich wichtig, um den Hund – falls notwendig – sofort herrufen oder ablegen lassen zu können.

Die Moxonleine

Die klassische „Retrieverleine" ist die sogenannte Moxonleine, die Sie bei Ihrem Labi auf alle Fälle auch verwenden sollten, sobald er erwachsen geworden ist.

Die Moxonleine ist eine Kombination aus Halsband und Leine. Sie hat einen runden Querschnitt und besteht aus Leder oder häufiger aus weichem Nylongewebe. Am Ende der Leine bildet sich eine Schlaufe, die sich zuzieht. Sie wird einfach über den Kopf des Hundes gestreift und zwar so, dass sie sich sofort lockert, sobald der Hund auf der jeweiligen Seite (also in der Regel links) bei Fuß läuft. Mit einem Handgriff ist die Leine abgestreift und der Hund kann ohne Verletzungsgefahr mit Artgenossen toben, im Unterholz sein Dummy oder im Wasser sein Apportel suchen.

Diese Leine hat sich bei Retrievern so durchgesetzt, da die Hunde bei der Dummy-Arbeit und auch bei vielen anderen Übungen und Prüfungen ohne Halsung eingesetzt werden. Die Moxonleine lässt sich sehr schnell abstreifen und ermöglicht es so, den Labi schnell zur Arbeit zu schicken, ohne lange an dem Halsband rumzunesteln.

Die Moxonleine ist eine Kombination aus Halsband und Leine und wird besonders bei den Retrievern häufig verwendet.

98

> **!**
>
> **Toben nur ohne Leine**
> Ihr Labi wird es lieben, mit Artgenossen zu toben. Aber lassen Sie ihn nie an der Leine mit anderen Hunden spielen. Es besteht dadurch nicht nur eine Verletzungsgefahr, sondern ein Hund an der Leine soll sich auf seinen Menschen konzentrieren und eine bestimmte Aufgabe oder Übung durchführen. Gespielt und getobt wird nur ohne Leine. So wird Ihr Labi schnell begreifen, wann es sich um Arbeit und wann um Freizeit handelt. Im Idealfall wird beim Spielen auch noch das Halsband abgenommen, weil auch dadurch Verletzungsgefahr bestehen kann, wenn zum Beispiel der Spielpartner mit seinen Zähnen darin hängen bleibt. Auch hierbei erweist sich die Moxonleine wieder als sinnvoll, da sie Halsband und Leine in einem ist und leicht vom Hund abgestreift werden kann.

Die Begleithundprüfung speziell für Retriever

Das Ablegen einer Begleithundprüfung (BH) kann mit jedem Hund, egal welcher Abstammung, erfolgen. Ist Ihr Hund mindestens 15 Monate alt und sind Sie Mitglied in einem dem VDH angeschlossenen Verein, können Sie mit Ihrem Labi die Begleithundprüfung in einem Verein Ihrer Wahl ablegen. Sie unterliegt dann einer allgemeinen Prüfungsordnung, die für alle Hunde gleichermaßen gültig ist.

Alternativ können Sie aber auch eine BH ablegen, die speziell für Retriever entwickelt wurde und vom DRC und LCD angeboten wird. Diese Prüfung können Sie schon ablegen, wenn Ihr Labi mindestens neun Monate alt ist. Die Prüfung unterscheidet sich in einigen Punkten geringfügig von der allgemeinen Begleithundprüfung. So ist bei dieser Begleithundprüfung das Bringen eines Dummys zusätzlich eine der Aufgaben, die bewertet werden. Einen weiteren Unterschied findet man bei der Aufgabe „Platz aus der Bewegung und Liegenbleiben". Bei der allgemeinen BH-Prüfung wird hierbei der Hund aus der Entfernung aus dem Platz abgerufen. Bei

Vorübungen für die Begleithundprüfung können jederzeit bei einem Spaziergang mit eingebaut werden.

99

Der erfolgreiche Abschluss einer Begleithundprüfung ist übrigens Voraussetzung für viele andere Prüfungen, egal, ob Sie später eine Leistungsprüfung im Jagdbereich oder eine Bringleistungsprüfung ablegen wollen oder ob Sie mit Ihrem Labi an einem Turnier im Hundesport teilnehmen möchten. Auch die Ausbildung zu einem offiziellen Arbeitshund wie zum Bespiel einem Therapiebegleithund oder einem Rettungshund setzt eine bestandene Begleithundprüfung voraus.

der Prüfung speziell für Retriever muss der Hund in der Platzposition verharren, bis er vom Hundeführer wieder abgeholt wird. Außerdem wird – ohne Punktevergabe – die Schusstauglichkeit Ihres Labrador Retrievers überprüft.

Vorbereitung für die Begleithundprüfung

Wenn Sie mit Ihrem Labrador Retriever die Begleithundprüfung ablegen wollen, haben Sie sicherlich nach Welpen- und Junghundekurs auch einen Erziehungskurs für die Begleithundprüfung besucht. Aber einmal in der Woche auf dem Hundeplatz zu üben, reicht in der Regel nicht aus, um seinen Vierbeiner auf die Prüfung vorzubereiten. Auch im normalen Alltag sollten Sie zwischendurch immer wieder passende Übungen einbauen, so wie sie schon weiter vorn beschrieben wurden, damit Sie und Ihr Labi souverän und sicher die Prüfung absolvieren können.

Die richtige ausführliche Anleitung für die Vorbereitung auf die Begleithundprüfung mit vielen praktischen Ratschlägen finden Sie in den entsprechenden Büchern (siehe Literaturverzeichnis).

Prüfungsordnung für Begleithunde (BPO/R)

Die speziell für Retriever angebotene Begleithundprüfung darf schon von Hunden abgelegt werden, die mindestens neun Monate alt sind. Sie müssen vom VDH oder – bei ausländischen Hunden – von der FCI anerkannte Papiere besitzen. Am Prüfungstag muss die Ahnentafel oder das Leistungsheft des Hundes vorgelegt werden.

Wie auch bei der normalen BH gibt es einen Prüfungsteil auf einem Hundeplatz oder einem Platz im

Bei der Begleithundprüfung speziell für Retriever gehört das Prüfen der Schusstauglichkeit auch dazu. Daher sollte es vorher mehrfach geübt werden.

freien Gelände und einen Prüfungsteil im Straßenverkehr. Bei dem ersten Prüfungsteil werden für die einzelnen Übungen – mit Ausnahme der Schusstauglichkeit – Punkte vergeben. Bei dem Verkehrsprüfungsteil werden keine Punkte vergeben, sondern es gibt nur die Bewertung „bestanden" oder „nicht bestanden".

Auf dem **Übungsplatz** werden folgende Aufgaben geprüft:
- **Leinenführigkeit:** Hierbei sollte der Hund an lockerer Leine auf Kniehöhe freudig seinem Hundeführer folgen, wobei verschiedene Gangarten und Richtungswechsel sowie das Gehen durch eine Personengruppe mit eingebaut werden. Hält der Hundeführer an, muss sich der Hund in die Sitzposition begeben.
- **Freifolge:** Diese Übung verläuft wie die Übung „Leinenführigkeit", nur dass der Hund währenddessen abgeleint ist.
- **Sitz aus der Bewegung in Verbindung mit Herankommen:** Aus der Bewegung setzt sich der Hund auf Kommando hin, während der Hundeführer weiterläuft. In bestimmter Entfernung dreht dieser sich um, ruft den Hund zu sich, der sich dann zuerst vor ihm hinsetzen soll, um anschließend wieder die Grundstellung einzunehmen.
- **Platz aus der Bewegung und Liegenbleiben:** Aus der Bewegung legt sich der Hund auf Kommando hin, während der Hundeführer weiterläuft. In bestimmter Entfernung dreht dieser sich um, bleibt dort etwa einer Minute stehen und geht anschließend zu seinem Hund zurück, der so lange liegen bleiben muss. Erst auf Kommando darf er in die Sitzposition in Grundstellung gehen.
- **Ablegen unter Ablenkung:** Der Hundeführer legt seinen Hund ab, entfernt sich dann von ihm und bleibt mit dem Rücken zu ihm stehen. Eine Gruppe von Personen mit einem angeleinten Hund geht dann zum Hundeführer, begrüßt ihn und entfernt sich zusammen mit ihm aus Sicht des Hundes. Nach etwa 1 Minute geht dieser zu seinem Hund, der so lange ruhig liegen bleiben muss, zurück, um ihn dann auf Kommando in die Sitzposition in Grundstellung zu bringen.
- **Bringen eines weichen Gegenstandes:** Der Hund sitzt neben seinem Hundeführer, während der Richter ein Dummy wirft. Der Hund muss ruhig sitzen bleiben und erst auf Kommando zum Dummy hinlaufen, es aufnehmen, zügig zurückbringen und auf Kommando ausgeben, um anschließend in die Grundstellung zu gehen. (Näheres zum richtigen Apportieren finden Sie im Kapitel „Dummy-Arbeit".)
- **Schusstauglichkeit:** Für diese Übung werden keine Punkte vergeben, sondern es wird nur beurteilt, wie der Hund auf den Schuss einer Schreckschusspistole reagiert.
Reagiert der Hund bei dieser Aufgabe mit Schussscheue, gilt der Teil A der Begleithundprüfung als nicht bestanden. Er kann aber dann trotzdem zu Teil B, dem Verkehrsteil zugelassen werden, sofern die anderen Prüfungsfächer ohne Schusstest bestanden wurden.

Der **Verkehrsteil** besteht aus folgenden Aufgaben:

■■ **Führigkeit und Verhalten im Straßenverkehr:** Der Hund soll an locker durchhängender Leine freudig seinen Hundeführer auf Kniehöhe begleiten und sich nicht von Straßenverkehr, Passanten oder Radfahren ablenken lassen, auch wenn sie den Hundeführer ansprechen und begrüßen.

■■ **Verhalten des Hundes unter erschwerten Verkehrsverhältnissen:** Der Hund muss sich bei starkem Passantenverkehr auf Kommando einmal hinsetzen und einmal hinlegen. Außerdem soll er sich in Bereichen mit extrem lauter Geräuschkulisse gelassen verhalten.

■■ **Verhalten des kurzfristig im Verkehr angeleinten allein gelassenen Hundes und Verhalten gegenüber anderen Tieren:** Die Leine des Hundes wird an eine Mauer, einer Laterne oder Ähnlichem befestigt. Der Hundeführer entfernt sich außer Sicht. Der Hund muss sich gegenüber Passanten mit einem angeleinten Hund neutral und ruhig verhalten.

■■ **Gehorsamsüberprüfung im Verkehr:** An einer geeigneten Stelle wird der Hund abgeleint und darf ohne Einwirkung laufen. Dann ruft ihn der Hundeführer zu sich zurück und leint ihn wieder an.

Genauere Details zum Ablauf der Prüfung finden Sie in der BPO/R auf der Internetseite des DRC.

Für einen gut erzogenen Labi ist es normalerweise kein Problem, die Begleithundprüfung zu bestehen.

Die LCD-BHP

Auch der LCD bietet für seine Mitglieder eine eigene Begleithundprüfung, die sich aber nur geringfügig von der oben beschriebenen BPO/R unterscheidet.

- Beim LCD wird die Übung „Bringen eines weichen Gegenstandes" mit einem Schuss verbunden, das heißt, während der Dummy fliegt, wird gleichzeitig ein Schuss abgefeuert.
- Beim Prüfen der Schusstauglichkeit werden beim LCD zwei Schüsse hintereinander abgegeben.

Genauere Details zum Ablauf der Prüfung finden Sie in der LCD-BHP auf der Internetseite des LCD.

Fahrradtouren mit dem Labrador Retriever

Für einen Labrador Retriever als mittelgroßen, muskulösen Hund ist eine Radtour ideal, um sich auch mal körperlich etwas auszupowern. Allerdings dürfen längere Radtouren erst unternommen werden, wenn Ihr Labi schon ausgewachsen ist und Skelett, Gelenke und Muskulatur vollständig ausgebildet sind, also ab einem Alter von etwa 18 Monaten. Ansonsten besteht die Gefahr, dass später Gelenk- und Knochenprobleme auftreten. Um den Labi vorher schon an das Mitlaufen am Fahrrad zu gewöhnen, schieben Sie zunächst das Fahrrad und lassen ihn angeleint nebenher laufen. Wenn das gut funktioniert, können Sie ihn auch schon mal über kurze Distanzen und im langsamen Tempo mitlaufen lassen, wenn Sie mit dem Fahrrad fahren. Da sich Junghunde aber gern körperlich verausgaben, müssen Sie unbedingt dafür sorgen, dass sich Ihr Vierbeiner nicht überanstrengt.

Grundsätzlich sollte der Hund an der Leine auf der rechten, also der verkehrsabgewandten Seite geführt werden. Er darf nicht nach vorn ziehen, sondern sollte wie beim Bei-Fuß-Gehen direkt neben Ihnen im Trab an der lockeren Leine laufen. Die Leine halten Sie am besten so in der rechten Hand, dass sie im Notfall schnell losgelassen werden kann. Auf keinen Fall darf die Leine irgendwo am Fahrrad befestigt werden, da die Gefahr eines Sturzes sehr groß ist. Denn ein Labrador Retriever ist sehr kräftig und würde Sie schnell umreißen, falls er zur Seite zieht oder plötzlich abbremst.

Läuft Ihr Labi entspannt neben dem Fahrrad und fahren Sie auf Wegen, die nicht oder nur äußerst selten von Kraftfahrzeugen genutzt werden, können Sie Ihren Begleiter auch ohne Leine nebenher laufen lassen. So hat er die Möglichkeit, zwischendurch auch mal eine Schnüffelpause zu machen und sich zu lösen. Wenn Sie merken, dass Ihr Hund langsamer wird und ermüdet – egal ob mit oder ohne Leine – reduzieren Sie auf alle Fälle das Tempo oder machen eine Pause. Bei längeren Radtouren und vor allem im Sommer müssen Sie Ihrem Labi zwischendurch regelmäßig Trinkwasser anbieten oder einen Zwischenstopp an einem Bach oder Seeufer einlegen, was ihm dann besonders viel Spaß machen wird.

Der Labi als Reitbegleiter

Falls das Freizeitreiten im Gelände auch zu Ihren Hobbys gehört, müssen Sie auf Ihren Vierbeiner dabei nicht verzichten. Obwohl der Labrador Retriever nicht zu den typischen „Reitbegleithunden" gehört, ist er aber durchaus dafür geeignet, seinen Menschen hoch zu Ross zu begleiten – vorausgesetzt, er hat eine solide Grunderziehung genossen.

Da der Labi weder einen Hütetrieb besitzt, mit dem er vielleicht das Pferd verunsichern könnte, noch einen Jagdtrieb wie viele Laufhunde, die sich oft selbstständig machen, um einer Spur zu folgen, kann man ihn relativ schnell an das korrekte Mitlaufen neben dem Pferd gewöhnen.

Aufgrund seiner guten Führigkeit eignet sich ein Labrador Retriever gut als Reitbegleithund.

Zunächst müssen Sie Ihre Tiere – also Pferd und Hund – aneinander gewöhnen. Pferde als Fluchttiere sind immer sehr vorsichtig und machen durchaus mal einen Satz zur Seite, wenn plötzlich ein Hund in ihr Sichtfeld hineinprescht, wenn sie dies nicht kennen. Andererseits sollte Ihr Labi zwar an das Pferd gewöhnt sein, aber einen gewissen Respekt haben und Abstand einhalten, um nicht doch plötzlich mal schmerzhafte Erfahrung mit einem ausschlagenden Huf zu machen.

Anfangs sollten Sie mit Pferd und Hund kurze Spaziergänge unternehmen, wobei Sie Ihren Labi gleich daran gewöhnen können, dass er sich nicht zu weit entfernt und am besten seitlich neben dem Pferd läuft. Erst wenn das gut klappt, können Sie die ersten kleinen gemeinsamen Ausritte unternehmen.

Voraussetzung hierfür ist natürlich ein guter Grundgehorsam. Ihr Labi sollte auf Abruf sofort zu Ihnen kommen und sich auf Kommando hinsetzen oder hinlegen, wenn man zum Beispiel an einer zu überquerenden Straße warten muss oder anhält, um Passanten, Radfahrer, Inline-Skater und so weiter vorbeizulassen. Führt der Weg durch Feld und Wald, sollte Ihr Labi auch immer in ihrer Nähe auf dem Weg bzw. am Wegrand bleiben und sich nicht selbstständig machen, um Ausflüge auf eigene Faust zu unternehmen.

Auch hier gilt wie für das Begleiten am Fahrrad, dass längere Touren erst unternommen werden, wenn Ihr Labi voll ausgewachsen ist.

Labrador Retriever rassegerecht beschäftigen

Apportierhunde wie der Labrador Retriever haben – wie der Name schon sagt – einen ausgeprägten Apportiertrieb. Der Stöbertrieb ist ebenfalls verstärkt vorhanden. Und dass der Labi meist auch einen extrem ausgeprägten Fresstrieb besitzt, ist sicherlich kein Geheimnis. Alle Beschäftigungen, die diese Triebe ansprechen, sind deshalb besonders beliebt und ideal beim Labrador Retriever anwendbar. Wichtig ist hier, wie bei allen anderen Hundetypen, bei denen bestimmte Triebe extrem vorherrschen, dass klar definiert ist, wann geübt und gearbeitet wird und wann es sich um normale Tagesabläufe handelt. Die Hunde sollten also nicht ungezügelt über einen großen Zeitraum des Tages ihre Triebe ausleben.

Apportieren und Schwimmen sind die großen Leidenschaften des Labrador Retrievers. Somit ist die Dummy-Arbeit – sowohl an Land und als auch im Wasser – das richtige Einsatzgebiet für den Labi, bei dem er alle seine Fähigkeiten einsetzen und seine Leidenschaften ausleben lassen kann. Die Dummy-Arbeit hat sich zu den klassischen Hundesportarten für Retriever und auch ganz besonders für den Labrador Retriever entwickelt.

Das Apportieren liegt einem Labi im Blut und lässt sich als rassegerechte Beschäftigung vielseitig einsetzen.

Er setzt aber auch gern seine vorzügliche Nase ein, sodass die klassische Fährtenarbeit und andere Arten von Spurensuche eine gute Abwechslung sind und vor allem auch den Einsatz des Geruchssinns erheblich fordern. Auch verschiedene Hundesportarten können den Labrador Retriever begeistern und sinnvoll beschäftigen, wobei man aufgrund des Körperbaus und der Konstitution die richtige Disziplin auswählen sollte.

Die Steadiness ist bei der Dummyarbeit wichtig. Gelassen soll der Hund warten, bis er losgeschickt wird.

Dummy-Arbeit – zu Lande und zu Wasser

Die wohl schönste Beschäftigung für alle Labrador Retriever, die nicht im jagdlichen Einsatz sind, ist die Dummy-Arbeit, die insbesondere auf die Talente der Retriever zugeschnitten ist und von sehr vielen Hundevereinen, Hundeschulen und Retriever-Klubs angeboten werden.

Vom Welpenalter an können Sie mit Ihrem Vierbeiner das Apportieren auf spielerische Weise üben und ihn schon an spezielle Welpen-Dummys gewöhnen. Im Alter von einem Jahr, wenn alle Übungen zum Grundgehorsam schon Routine geworden sind, sollten Sie gezielt mit der Dummy-Arbeit beginnen.

Ähnlich wie beim jagdlichen Einsatz des Labrador Retrievers wird auch bei der Dummy-Arbeit von dem Hund ein schnelles, korrektes Apportieren aus verschiedenen Distanzen und auf unterschiedlichem Gelände erwartet. Auch hier ist die „Steadiness" sehr wichtig. Bis der Labi zu seiner Aufgabe losgeschickt wird, soll er ruhig neben seinem Führer sitzen, ohne zu bellen, zu winseln oder zu fiepen. Das Verhalten des Hundes in dieser Situation entscheidet später oft darüber, ob er die Prüfung besteht oder nicht.

Nachdem das Dummy geworfen wurde, wird der Hund losgeschickt und muss das Apportel direkt suchen, aufnehmen und auf kürzestem und schnellstem Weg zu seinem Führer zurückbringen, ohne darauf herumzuknautschen, und es auf Kommando wieder abgeben.

Hierbei gibt es verschiedene Arten von Aufgaben, die der Labi zu bewerkstelligen hat. Sie werden im Folgenden kurz vorgestellt.

> ❗ **Was ist ein Dummy?**
> Ein Dummy ist ein mit Stoff überzogenes Apportel, das mit weichem, schwimmfähigem Material gefüllt ist. Es wird in verschiedenen Größen und Farben angeboten. Am meisten angeboten werden grüne, rote und orangefarbene Dummys, wobei grüne Apportel am häufigsten verwendet werden und auch in den Prüfungen vorgeschrieben sind. Das Standardgewicht beträgt 500 g, Dummys für Welpen werden auch mit einem Gewicht von 200 g angeboten.
> Speziell für die Wasserarbeit gibt es Dummys aus Kunststoff in den verschiedensten Farben. Es gibt Dummys mit einer glatten Oberfläche und welche, die genoppt sind, sodass der Hund sie besser im Fang halten kann. Die Kunststoff-Dummys schwimmen höher im Wasser und sind somit auch besser zu sehen.
> Mittlerweile gibt es sogar Futterdummys, häufig auch als Beutedummys bezeichnet. Sie sehen wie ein normales Dummy aus, sind innen hohl und besitzen einen Verschluss, sodass man im Innern Futterstückchen aufbewahren kann. Sie eignen sich besonders für Hunde, die am besten mit Leckerli zu motivieren sind. Sie bringen mit Freude das Dummy zu Ihrem Menschen, damit dieser den Verschluss öffnen kann und der Hund so zu seiner Belohnung kommt. Bei der „professionellen" Dummy-Arbeit werden diese Apportel aber nicht benutzt und sind auch für Retriever mit ihrer angeborenen Bringfreude meistens nicht nötig.

Markierung

Im Englischen wird diese Aufgabe als „Marking" (merken) bezeichnet. Der Hund soll sich also merken, wo das Dummy gelandet ist.

Das Dummy fällt unter Begleitung eines Schusses oder Wurfgeräusches und ist für den Hund immer sichtbar, denn er kann die Flugbahn des Dummys ganz oder teilweise mit den Augen verfolgen und die Fallstelle häufig einsehen. In manchen Fällen hört der Labi auch den Aufprall des Dummys auf den Boden.

Ihr Hund sitzt unangeleint, still und aufmerksam angespannt neben Ihnen und verfolgt das Geschehen.

Dieser Labi macht es richtig: Er wartet ruhig, bis der Dummy gelandet ist und er zum Apportieren geschickt wird.

Der Hund soll das Dummy auf direktem Weg und zügig – ohne zu knautschen – zurückbringen (a), bei seinem Führer korrekt vorsitzen und das Dummy erst auf Kommando ausgeben (b).

Auf Ihr Kommando „Apport" läuft er zügig in gerader Linie auf die Fallstelle zu, nimmt das Dummy unverzüglich auf, bringt es ebenso zügig auf geradem Weg zu Ihnen zurück und legt es auf Kommando „Aus" in Ihre Hand. Wenn er bei Ihnen angekommen ist, hält er das Dummy so lange fest und ruhig in seinem Fang, bis er es von Ihnen abgenommen bekommt.

Suche

Diese Aufgabe wird im Englischen als „hunting, hi-lost/there" (such verloren) bezeichnet.

In einem Gelände von bestimmter Größe (zum Beispiel 50 x 50 Meter), auf einer Wiese oder in einem Waldstück mit hohem oder niedrigem Bewuchs, je nach Ausbildungsstand des Hundes, werden in der Regel zehn Dummys ausgelegt, ohne dass der Hund das Auslegen der Dummys beobachten konnte.

Ihr Labi soll nun auf Ihr Kommando „Such", „Such verloren" oder „Hi-lost", unter Einsatz seiner Nase, die für ihn nicht sichtbaren Dummys suchen und sie zügig zu Ihnen zurückbringen und in Ihre Hand apportieren. Wenn er ein Dummy gefunden und aufgenommen hat, muss er dieses zuerst zu Ihnen zurückbringen, bevor er das nächste apportiert. Er darf nicht mit einem Dummy im Fang zum nächsten Dummy lauten, sein Dummy ablegen und das andere Dummy aufnehmen (tauschen!). Dies wäre auf einer Dummy-Prüfung ein Ausschlussgrund.

Einweisen

Im Englischen spricht man hier von „directions" (dirigieren). Wenn der Hund die Flugbahn bzw. die Fallstelle des Dummys nicht gesehen hat, wird er mit Handzeichen und verbalem Kommando („Voran") in die Richtung geschickt, in die das Dummy geworfen wurde. Im Fallbereich des Dummys angekommen muss er auf Anweisung seines Führers das Dummy suchen. Sie können Ihren Labi dabei, je nach Ausbildungsstand, verbal mit dem Kommando „Such" oder mittels Pfeife mit dem sogenannten „Suchenpfiff" unterstützen. Hat er das Dummy gefunden, soll er es unverzüglich aufnehmen, auf direktem Weg schnell zu Ihnen zurückbringen und auf Kommando „Aus" in Ihre Hand abgeben.

Für ein nicht sichtig (englisch: blind) ausgelegtes Dummy gilt die gleiche Regel. Der Hund wird mit Handzeichen und verbalem „Voran" in die Richtung des Dummys geschickt und mit „Such" oder dem Suchenpfiff bei der Suche des Dummys unterstützt. Hat er das Dummy gefunden, muss er es ebenfalls schnell aufnehmen und auf direktem Weg zurück bringen.

Der Suchenpfiff besteht aus weichen, kurz hintereinander gepfiffene Einzelpfiffen, solange sich der Hund bei seiner Suche in die richtigen Richtung bewegt. Geht er bei seiner Suche in die falsche Richtung oder verlässt er das Suchengebiet, wird der „Suchenpfiff" sofort unterbrochen. Wenn vom Hund wieder in die richtige Richtung gewechselt wird bzw. das Suchengebiet wieder angenommen wird, wird mit dem „Suchenpfiff" wieder begonnen. So kann man seinen Labrador Retriever immer in einem bestimmten Gebiet halten, um ihn suchen zu lassen und ihn bei seiner Suche mit den entsprechenden Pfeifsignalen zu unterstützen und zu lenken.

Mit einem Handzeichen und dem Kommando „Voran" wird der Hund zur Fallstelle des Dummys geschickt.

109

Dummy-Grundausblidung

Bevor man mit seinem Labrador Retriever gezielt mit dem Dummy-Training beginnt, muss er unbedingt den Grundgehorsam beherrschen. Ein Hund, der nie gelernt hat, ohne Dummy auf Rückruf „Hier" oder Komm-pfiff (Doppelpfiff mit der Retrieverpfeife) zurückzukommen, wird mit einem Dummy im Fang, das in diesem Fall ja für ihn seine Beute ist, erst recht nicht zurückkommen.

Wichtig ist, dass Ihr Labi immer gern zu Ihnen zurückkommt, dann wird er dieses auch mit „seiner Beute" tun. Auch sollte er das korrekte Aufnehmen und Tragen eines Dummys bereits gelernt haben. Diese Festhalteübungen kann man schon mit dem Junghund immer wieder üben, indem man das Dummy rechts und links mit beiden Händen festhält und ihn auffordert, das Dummy aus der Hand aufzunehmen. Hat das geklappt, gibt man das Kommando „Fest" oder „Halten". Nachdem der Labi das Dummy für einen anfangs recht kurzen Zeitraum festgehalten hat, nimmt man es ihm wieder mit dem Kommando „Aus" ab und lobt ihn ausgiebig. Nach und nach kann man das Zeitfenster, in dem Ihr Labi das Dummy festhalten muss, immer mehr ausdehnen. Er wird so lernen, dass er ein Dummy immer so lange festhalten muss, bis er von seinem Führer das Kommando für das Ausgeben des Dummys in seine Hand erhält.

Bei der Dummy-Grundausbildung ist es sinnvoll, das Training mit einer Hilfsperson durchzuführen.

Das korrekte Tragen (a) und das richtige Festhalten des Dummys (b) müssen immer wieder geübt werden.

Aber denken Sie daran, dass Sie das Festhalten des Dummys mit einer gewissen Vorsicht üben, wenn Ihr Hund im Zahnwechsel ist, also zwischen dem 4. und 6. Lebensmonat, damit er in dieser Hinsicht keine schlechte Erfahrung sammelt. Denn es kann mitunter sehr unangenehm und schmerzhaft sein, wenn man mit wackeligen Zähnen im Fang mit Schwung ein Dummy aufnehmen will. Hat Ihr Labi erst diese unangenehme Erfahrung gemacht, wird er unter Umständen in der nächsten Zeit nicht mehr so gern ein Dummy festhalten.

Wenn Ihr Labi das korrekte Festhalten des Dummys beherrscht, können Sie ihn mit dem Dummy im Fang eine kleine Strecke neben sich hergehen lassen, am besten bei Fuß – angeleint oder ohne Leine – so lernt er das korrekte Tragen eines Dummys. Diese Übungen erleichtern Ihnen und Ihrem Labrador Retriever den Einstieg ins Dummy-Training. In der Regel macht es den Hunden Spaß, wenn sie immer mal wieder auf dem Spaziergang die „Beute" ein Stück tragen dürfen. Der Hund muss aber bei dieser Übung auf jeden Fall unter Kontrolle sein und darf nicht mit dem Dummy davonrennen, denn das wäre für das zukünftige Dummy-Training absolut kontraproduktiv.

Wenn diese Vorarbeiten so weit abgeschlossen sind und auch von

Dieser Labi beherrscht das korrekte Festhalten.

111

Ihrem Labi zuverlässig ausgeführt werden, kann man mit dem Aufbau der verschiedenen Übungen beginnen. Zu Beginn der Ausbildung werden die Dummys immer sichtig und über kurze Entfernungen geworfen. Es ist wichtig, dass Ihr Hund zuerst lernt, die Flugbahn des Dummys zu verfolgen und die Fallstelle zu markieren. Die Entfernungen werden erst vergrößert, wenn die kurzen Entfernungen sicher gearbeitet werden. Später kann man, je nach Ausbildungsstand, zu der „Einzelmarkierung" noch ein zweites Dummy, eine „Doppelmarkierung" in eine andere Richtung werfen und den Hund zum Beispiel das zuletzt geworfene Dummy zuerst apportieren lassen und als Zweites das zuerst geworfene Dummy holen lassen. Bei dieser Übung muss sich Ihr Labi die Fallstelle des zuerst geworfenen Dummys merken; man nennt dies eine „Memory-Aufgabe".

Ist der Ausbildungsstand Ihres Labrador Retrievers noch weiter vorangeschritten und wird das Ausarbeiten der verschiedenen „Markierungen" einschließlich der „Memorys" zuverlässig ausgeführt und beherrscht, können Sie mit dem Aufbau des „Einweisens" beginnen.

Das Einweisen zur Seite erfolgt jeweils mit dem entsprechenden Arm. Das Einweisen nach links erfolgt also mit dem linken Arm (a,b), das Einweisen nach rechts mit dem rechten Arm (c,d).

Beim „Einweisen", wie bereits oben beschrieben, wird das Dummy so ausgelegt, dass es für den Hund nicht sichtig liegt. Er kann dann je nach Ausbildungsstand in gerader Linie nach vorn (Kommando: Voran) geschickt werden. Ebenso ist es möglich, Ihren Labi mit den entsprechenden Handzeichen nach links (Kommando: Links, Rüber oder Out), nach rechts (Kommando: Rechts, Rüber oder Out), oder nach hinten (Back) zu schicken. Sie müssen sich aber immer im Klaren sein, dass das „Einweisen" nur reibungslos und korrekt funktionieren kann, wenn Ihr Hund ein sehr gutes Vertrauensverhältnis zu Ihnen aufbauen konnte. Denn nur, wenn Ihnen Ihr Labi uneingeschränkt vertraut, wird er bereit sein, in jede von Ihnen vorgegebene Richtung zu gehen, um ein Dummy zu suchen und Ihnen zurückzubringen.

Wundern Sie sich übrigens nicht, wenn bei Trainingskursen für Retriever häufig die englischen Bezeichnungen für die verschiedenen Aufgaben verwendet werden. Da diese Hunde aus Großbritannien stammen und somit auch die speziellen

Dieses Einweisen nach hinten (a) erfordert ein großes Vertrauen, da der Hund in eine Richtung laufen muss, die er vorher nicht einsehen kann (b).

Arbeiten und Prüfung dort ihren Ursprung haben, wurden in anderssprachigen Ländern häufig die englischen Begriffe übernommen, für die es aber durchaus auch deutsche Übersetzungen gibt. Detaillierte Informationen zur Dummy-Arbeit und Dummy-Prüfung, die für die meisten Teilnehmer ja das Ziel ist, finden Sie auf den Internetseiten der Retriever-Klubs.

> **!**
>
> **Richtiger Aufbau**
> An dieser Stelle möchte ich darauf hinweisen, dass der richtige Aufbau des Apportierens einschließlich des korrekten Ausarbeitens der einzelnen Übungen von enormer Wichtigkeit ist. Eine detaillierte Beschreibung des korrekten Aufbaus der Dummy-Arbeit würde den Rahmen dieses Buches sprengen. Es gibt zu diesem Thema einige gute Bücher im Handel, deren Lektüre ich Ihnen sehr ans Herz legen möchte.

Dummy-Kurse sind sinnvoll

Wenn Sie ernsthaft mit ihrem Labi Dummy-Arbeit trainieren möchten, sollen Sie auf alle Fälle einen Dummy-Kurs besuchen. Sie können zwar bei jedem Spaziergang ein Dummy mitnehmen und mit Ihrem Hund in den verschiedensten Geländen und Gewässern das Apportieren üben. Wenn Sie aber das korrekte Apportieren, auch unter Ablenkung, üben möchten, um eventuell später mal eine Dummy-Prüfung abzulegen, ist der Besuch von Kursen unter fachkundiger Anleitung unbedingt zu empfehlen.

Auch wenn Ihr Retriever sozusagen schon als „Fortgeschrittener" auf größere Distanzen arbeiten oder sogar ein Dummy von der gegenüberliegenden Uferseite eines Gewässers apportieren soll, ist auch eine Hilfsperson erforderlich, um den Hund im Notfall unter Kontrolle zu halten und unerwünschtem Verhalten wie zum Beispiel das Zerbeißen oder das „Totschütteln" des Apportels entgegenzuwirken. Denn aus weiter Entfernung haben Sie keinen Einfluss mehr auf den Hund und könnten in diesem Moment nicht mit den nötigen Erziehungsmaßnahmen eingreifen. Beim Üben in der Gruppe lernt der Retriever außerdem, unter Ablenkung durch andere Hunde, Menschen und Schüsse trotzdem ruhig zu bleiben und abzuwarten, bis er an der Reihe ist – die gewünschte Steadiness oder Standruhe.

Die häufigsten Fehler beim Apportieren

Was sich eigentlich recht einfach anhört, ist aber nicht immer ohne richtiges Training und Üben zu erreichen. Auch wenn dem Labi das Apportieren im Blut liegt, gibt es immer viele Fehler, die auch dem besten Hund (oder Hundeführer) passieren können.

Im Folgenden finden Sie die häufigsten Fehler, die bei der Dummy-Arbeit auftreten, mit kurzen, praktischen Lösungsvorschlägen, wie Sie Ihrem Hund das gewünschte Verhalten beibringen können.

Fehler: Der Hund ist nicht „steady", das heißt, er springt ein, noch während das Dummy fliegt.

Lösung: Der Hund sollte, wenn er einspringt, niemals zum Erfolg kommen, das heißt, das Dummy wird, bevor Ihr Hund es erreichen kann, von Ihnen (wenn Sie schnell genug sind) oder von einem Helfer weggenommen.

Die Steadiness muss geübt werden. Setzen Sie Ihren Hund ungefähr einen Meter von sich entfernt ab. Sie stehen mit dem Gesicht Ihrem Hund zugewandt vor Ihrem Hund. Jetzt können Sie das Dummy hinter sich werfen. Sollte Ihr Hund jetzt einspringen, können Sie ihn abblocken, da Sie ja zwischen ihm und dem Dummy stehen. Sie holen das Dummy auf jeden Fall selbst. Ist Ihr Labi auf seinem Platz sitzen geblieben, wird er gelobt. Wenn diese Übung klappt, das heißt, Ihr Labi bleibt jedes Mal ruhig sitzen, wenn Sie das Dummy hinter sich werfen, können Sie ihn zur Belohnung das Dummy holen lassen. Sie können die Übung jetzt immer wieder variieren: Mal darf er das Dummy apportieren und mal holen Sie es selbst. Wichtig dabei ist, dass dies in unregelmäßigen Abständen stattfindet, sodass er nicht vorher wissen kann, wann er das Dummy holen darf und wann nicht.

Eine andere Übung sieht so aus: Sie werfen mehrere Dummys um den vor Ihnen sitzenden Hund herum und sammeln diese wieder selbst ein. Bleibt er sitzen, wird er für das Sitzen und Warten belohnt.

Hat er das Sitzen und Warten verstanden und diese Übungen schon recht zuverlässig ausgeführt, können Sie anfangen, weiter entfernte Markierungen zu werfen. Aber auch hier gilt, dass er nicht alle Dummys selbst holen darf.

Fehler: Der Hund ist kurz vor dem Dummy durch irgendetwas abgelenkt und will es nicht aufnehmen. Konzentration und Ausdauer müssen gefördert werden.

Lösung: Der Hund muss mehr motiviert werden. Machen Sie das Dummy für ihn interessant, indem Sie mit dem Dummy spielen. In diesem Fall darf er auch ohne Kommando loslaufen, um das Dummy zu holen. An der Steadiness kann man in diesem Fall dann später arbeiten. Wenn er das Dummy aufgenommen hat, loben Sie Ihren Labi ausgiebig. Sobald er Ihnen das Dummy gebracht hat, nehmen Sie es und spielen wieder selbst damit. Danach legen Sie es weg. Wenn Sie diese Übung häufiger wiederholen, steigern Sie das Interesse Ihres Hundes an der Beute. Immer, wenn er das Dummy richtig aufnimmt und trägt, wird er gelobt.

Fehler: Der Hund nimmt zwar auf, kommt mit dem Dummy jedoch nicht zurück. Im schlimmsten Fall legt er sich damit hin und versucht darauf herumzunagen.

Lösung: Das Hier-Kommando muss ohne Dummy zuverlässig funktionieren – wenn nicht, muss es unbedingt, zuerst ohne Dummy, geübt werden. Wenn das Herkommen zuverlässig klappt, kann es mit Dummy trainiert werden. Sie rufen Ihren Hund, nachdem er das Dummy aufgenommen hat, heran. Sobald er in Ihre Richtung kommt, gehen Sie ein paar Schritte rückwärts. Ist Ihr Labi bei Ihnen angekommen, loben Sie ihn und streicheln ihn. Lassen Sie ihn aber das Dummy noch einige Zeit im Fang behalten. Erst danach nehmen Sie es ihm mit dem Kommando „Aus" ab. Diese Hilfe muss aber mit der Zeit wieder abgebaut werden.

Fehler: Der Hund kommt nicht zügig und auf Umwegen zurück.

Lösung: In diesem Fall sollten Sie Ihren Labi zunächst an der langen Leine apportieren lassen, damit Sie eingreifen können, falls er nicht zügig zurückkommen möchte. Erst wenn das klappt, wird wieder ohne Leine geübt.

115

Fehler: Der Hund schüttelt das Dummy.

Lösung: Am Basis-Gehorsam muss gearbeitet werden. Lassen Sie Ihren Hund das Dummy nur kontrolliert aufnehmen. Sie sollten ihn hierfür an der kurzen Leine zum Dummy führen, auf Kommando „Apport" soll er das Dummy aufnehmen und tragen. Ihr Labrador geht mit Ihnen bei Fuß an der kurzen Leine und trägt das Dummy einige Zeit, bevor Sie es ihm mit „Aus" aus dem Fang nehmen. So können Sie sofort eingreifen, falls er beginnen möchte, das Dummy zu schütteln.

Einer der häufigsten Fehler beim Apportieren: Das Dummy wird nicht korrekt getragen.

Fehler: Der Hund nimmt das Dummy nicht korrekt, sondern hält es zum Beispiel an einer Ecke oder am Wurfknebel fest.

Lösung: Korrektes Aufnehmen und Tragen des Dummys müssen geübt werden. Kommt Ihr Labi mit dem Dummy zurück und trägt es an der Wurfkordel, nehmen Sie es ihm ohne Kommentar aus dem Fang. Lassen Sie Ihren Hund sitzen und geben ihm das Dummy, rechts und links an den Enden festhaltend, in den Fang. So hat er keine andere Möglichkeit, als das Dummy korrekt in der Mitte zu fassen. Hat er das Dummy aus Ihrer Hand aufgenommen, gehen Sie ein paar Schritte rückwärts und rufen ihn zu sich. Wenn er bei Ihnen angekommen ist, nehmen Sie ihn in die Fußposition, lassen ihn bei Fuß neben sich hergehen und gleichzeitig das Dummy tragen. So können Sie das richtige Festhalten des Dummys mit dem „Beutetragen" kombinieren.

Fehler: Der Hund spuckt das Dummy vor dem Führer aus.

Lösung: Wenn Ihr Labi beim Zurückkommen das Dummy vor Ihnen auf den Boden fallen lässt, bevor Sie es ihm aus dem Fang nehmen können, heben Sie das Dummy auf keinen Fall auf. Fordern Sie ihren Hund auf, das Dummy wieder aufzunehmen und festzuhalten. Hat das geklappt, loben Sie ihn, nehmen ihm aber das Dummy nicht aus dem Fang, sondern lassen ihm für kurze Zeit die Beute. Erst nachdem Sie ihn ausgiebig gelobt und gestreichelt haben, nehmen Sie ihm mit dem Kommando „Aus" das Dummy aus dem Fang.

Fehler: Der Hund kaut (knautscht) auf dem Dummy herum.

Lösung: Da Ihr Labi, wie übrigens alle Retriever, ein sogenanntes „weiches Maul" haben sollte, das heißt, er sollte Dummys nicht zerkauen und durchlöchern, überlassen Sie ihm niemals ein Dummy einfach so zum Spielen oder ohne ihn zu beaufsichtigen. Er muss von Anfang an wissen, dass ein Dummy kein Spielzeug, sondern ein Arbeitsgerät ist.

Sollte er doch einmal auf einem Dummy herumknautschen, gehen Sie wieder zu den Festhalte- und Trageübungen zurück. Üben Sie wieder das ruhige Festhalten eines Dummys und lassen Sie ihn häufig kontrolliert „Beute" tragen.

Vermeiden Sie es, Ihrem Labi Plastik-Dummys zum Apportieren anzubieten, ebenso sollte er keine Stöcke apportieren, da dies das Knautschen begünstigen kann, ganz davon abgesehen, dass das Apportieren von Stöcken eine nicht ungefährliche Unsitte darstellt.

Übrigens, hochgradiges Knautschen ist auf einer Dummy-Prüfung ein Ausschlussgrund.

Fehler: Der Hund kommt mit dem zuerst gefundenen Dummy nicht sofort zurück, sondern sucht mit dem Dummy im Fang weiter, legt sein Dummy dann ab, nimmt das nächste Dummy auf und lässt das erste an dieser Stelle liegen (Tauschen).

Lösung: Legen Sie die Dummys so aus, dass Sie Ihren Hund bei der Aufnahme des Dummys beobachten können. Hat er das Dummy aufgenommen, rufen Sie ihn sofort zurück, damit er keine Gelegenheit hat weiterzusuchen. Sie können auch einen Helfer bitten, sich in die Nähe des zweiten Dummys zu stellen, um dieses einfach wegzunehmen, falls Ihr Hund mit dem zuerst aufgenommenen Dummy nicht zurückkommt. So kann er auf keinen Fall tauschen und kommt somit nicht zum Erfolg.

Aber Achtung: Der Helfer darf auf keinen Fall Kontakt zum Hund aufnehmen, indem er ihn womöglich anschreit, um das Tauschen zu verhindern. Denn manche Hunde reagieren auf solche Aktionen sehr sensibel und bringen dann gar kein Dummy mehr zurück. Der Helfer muss den arbeitenden Hund nur genau beobachten. Reagiert dieser nicht auf den Kommpfiff oder das „Hier" seines Führers und will sich stattdessen auf den Weg machen, um das zweite Dummy zu suchen, nimmt der Helfer schnell und ohne Aufsehen zu erregen das zweite Dummy weg.

Der Hund wird so sehr schnell lernen, dass er das zuerst aufgenommene Dummy zurückbringen muss. Auch das Tauschen wird bei einer Dummy-Prüfung als Ausschlussgrund bewertet.

Das Einweisen ist immer ein Bestandteil der verschiedenen Prüfungen und findet natürlich auch beim Arbeiten am Wasser Anwendung.

Dummy-Prüfung

Für die Dummy-Prüfung gibt es eine Prüfungsordnung, die auf den Internetseiten der Retrieverclubs zu finden ist. Der Ablauf dieser Prüfung ist immer ziemlich genau festgelegt. So wissen die Teilnehmer schon vorher, welche Aufgaben abgefragt werden, sodass jeder gezielt dafür trainieren kann.

Zu den Disziplinen gehören Gehorsam, Markieren, Suchen und Einweisen, wobei alle klar voneinander getrennt sind. Bei der Prüfung gibt es drei verschiedene Leistungsklassen: Anfänger-Klasse, Fortgeschrittenen-Klasse und Offene Klasse. Nach bestandener Prüfung mit mindestens der Note „sehr gut" können Sie mit Ihrem Hund in die nächsthöhere Prüfungsklasse aufsteigen.

Working Test

In der Retrieverszene wird die Dummy-Prüfung häufig als „Pflicht" angesehen, wogegen der Working Test als „Kür" bezeichnet wird. Die Prüfungsordnung orientiert sich zwar an derjenigen der Dummy-Prüfung. Es gibt aber einen großen Unterschied: Der Ablauf der Prüfung kann von dem Richter frei gestaltet und kombiniert werden. Somit wissen die Teilnehmer vorher nicht, was auf sie zukommt – eine echte Herausforderung für Mensch und Hund.

Die einzelnen Prüfungsdisziplinen werden nicht – wie bei der Dummy-Prüfung – stark voneinander getrennt. Es werden Situationen aus der jagdlichen Praxis realistisch nachgestellt und an die Gegebenheiten des Geländes und an das Wetter angepasst. Somit sollte der Hund sehr flexibel sein und eine gute Leistung in den unterschiedlichsten Situationen erzielen, was eine gründliche Ausbildung und eine gewisse Erfahrung erfordert.

Auch beim Working Test gibt es drei Leistungsklassen. Erst wenn ein Retriever eine Dummy-Prüfung bestanden hat, kann er in der entsprechenden Leistungsklasse am Working Test teilnehmen.

Neben den Einzelwettbewerben gibt es beim Working Test auch Teamwettbewerbe. Hierfür müssen mindestens zwei Mensch-Hund-Teams zusammenarbeiten und die Aufgaben bei der Prüfung gemeinsam lösen.

Das richtige Apportieren für die Begleithundprüfung

Wenn Sie mit Ihrem Labrador Retriever die Begleithundprüfung für Retriever ablegen und an einer anderen Prüfung teilnehmen wollen, ist das normale Apportieren speziell bei Retrievern immer Bestandteil einer Prüfung.

Die Aufgabe läuft wie folgt ab:
- Ihr Hund sitzt links neben Ihnen in der Grundstellung.
- Sie werfen nun das Dummy, wobei Ihr Hund ruhig in der Sitzposition verharren muss und dem Dummy hinterherschauen sollte.
- Ist das Dummy auf dem Boden gelandet, schicken Sie Ihren Hund mit dem Kommandowort für das Apportieren (zum Beispiel „Apport") los.
- Der Hund nimmt das Dummy – im Idealfall sollte er es genau mittig in seinem Fang tragen – auf und kommt zu Ihnen zurück. Dabei sollte er den direkten Weg nehmen und darf das Dummy weder schütteln noch darauf herumbeißen (knautschen).

- Der Hund muss dann exakt vor Ihnen mit dem Dummy im Fang sitzen oder direkt die Fußposition einnehmen. Hierbei müssen Sie aber darauf achten, dass der Hund die Fußposition von vornherum einnimmt und nicht mit dem Dummy hinter Ihnen herumgeht und sich dann erst in die Fußposition begibt.
- Erst nach Ihrem Kommando, zum Beispiel „Aus", darf er das Dummy in Ihre Hand abgeben.
- Zum Schluss muss der Hund wieder die Grundstellung einnehmen.

Auch wenn ein Labi alles Mögliche herumtragen möchte – das Apportieren von Stöcken sollte vermieden werden, da es zu erheblichen Verletzungen führen kann. **119**

Weitere Varianten von Apportierübungen

Da jeder Labrador Retriever einen ausgeprägten Apportiertrieb hat, können Sie mit ihm jederzeit und unter den verschiedensten Bedingungen das Apportieren üben, auch wenn Sie keine Lust haben, mit ihm zum Dummy-Training zu gehen, oder die Zeit zwischen den Trainingstagen auch mal ohne Dummy sinnvoll nutzen möchten.

Da das Apportieren dem Labi im Blut liegt, muss man ihm das Tragen und Bringen von Gegenständen gar nicht gezielt beibringen. Wer ohnehin schon mit seinem Hund am Dummy-Training teilgenommen hat, kann die Apportierarbeit auf alle möglichen Gegenstände übertragen. Hat der Hund noch keine direkte Ausbildung genossen, sollten Sie mit ihm noch die Grundlagen festigen, wie zum Beispiel, dass er das Apportel zügig und ohne Umwege heranbringt, dass er darauf weder herumknautscht noch es zerbeißt und dass er richtig vorsitzt und das Apportel erst ausgibt, wenn er das dafür vorgesehene Kommando erhält.

Beherrscht Ihr Labi das Apportieren perfekt, können Sie ihn eine Vielzahl verschiedener Gegenstände tragen lassen und ihn dabei sogar als Helfer im Alltag einsetzen. Da er in der Regel auch die gewünschte Weichmäuligkeit besitzt, können Sie ihm sogar beibringen, empfindliche oder zerbrechliche Gegenstände unversehrt zu apportieren.

Ein Labrador Retriever liebt alle Spielzeuge, die sich gut tragen lassen.

Im Folgenden finden Sie einige Beispiele als Anregung für die Apportierübungen im Alltag:

- Nehmen Sie ihn mit zum Einkaufen und geben ihm ein kleines Körbchen oder eine Tasche, die er tragen kann, in dem seine „Einkäufe" sind. Dazu gehört natürlich auch etwas ganz Leckeres, das er zu Hause als Belohnung bekommt.
- Wenn Sie Waschtag haben, kann Ihr Labi schmutzige Wäschestücke einsammeln und zur Waschmaschine tragen. Fortgeschrittene legen sie sogar direkt in die Waschmaschine.
- Wenn Sie die Post oder die Zeitung aus dem Briefkasten holen, kann Ihr Labi sie bis in die Wohnung tragen.
- Wenn Sie in den Keller gehen, um Kartoffeln oder Ähnliches zu holen, füllen Sie diese in einen kleinen Korb, den Ihr Hund in die Küche trägt.
- Wenn Sie einem Familienmitglied, das sich in einem anderen Zimmer oder in einem anderen Bereich im Haus befindet, etwas mitteilen möchten (zum Beispiel „Essen ist fertig"), schicken Sie Ihren Labi mit einer auf einen Zettel geschriebenen Botschaft, die er direkt oder in einem kleinen Täschchen trägt, dorthin. Auf diese Weise kann er Ihnen auch Antworten zukommen lassen.
- Falls Sie einmal die Essenszeit für Ihren Labi verpassen oder sein Wassernapf leer ist, kann er Ihnen die Futter- oder Wasserschüssel bringen, um Sie daran zu erinnern, was Sie vergessen haben. Das funktioniert aber nur mit leichten Kunststoffschüsseln, die er gut tragen kann.

Lassen Sie Ihrer Fantasie freien Lauf! So können Sie Ihren Labi jeden Tag wieder mit etwas anderem Spannenden unterhalten und beschäftigen.

Die wundersame Spielzeugkiste

Da Labrador Retriever von Natur aus alles Mögliche gern mit sich herumtragen, wird sich im Laufe der Zeit bestimmt eine ganze Menge an Spielzeug und Apportel im Haus ansammeln. Damit einerseits nicht in jeder Ecke irgendein Hundespielzeug herumliegt und andererseits diese Gegenstände für den Vierbeiner immer spannend und interessant bleiben, sollten Sie für Ihren Retriever eine Spielzeugkiste anlegen. Diese Kiste sollte so aufbewahrt werden, dass der Hund nur Zugriff hat, wenn Sie ihm die Erlaubnis dazu geben.

Dies ist aus verschiedenen Gründen erzieherisch sehr sinnvoll. Denn einerseits soll der Hund lernen, dass der Mensch bestimmt, wann eine Spielstunde anfängt und wann sie aufhört. Hat der Hund dagegen immer Zugriff zu seiner Kiste, kann er jederzeit ein Spielzeug hervorholen und – auch wenn es gerade zeitlich nicht passt – seinen Menschen zum Spielen animieren oder sogar nerven.

Wollen Sie Ihrem Labi beibringen, verschiedene Gegenstände nach Namen zu unterscheiden, kann man diese Übung auch gut mit einer Kiste ausweiten. Hat Ihr Hund schon die Namen einiger Spielzeuge erlernt, können Sie ihn zur Kiste schicken, um ein bestimmtes Spielzeug zu suchen und herzubringen. Kommt er mit dem richtigen Gegenstand zu Ihnen, wird er natürlich überschwänglich gelobt und bekommt ein besonders gutes Leckerli.

Eine weitere Möglichkeit, Ihren Labi sinnvoll zu beschäftigen, ist das Einräumen der Kiste. Wenn nach einer Spielstunde die ganzen Gegenstände in der Wohnung verstreut sind, können Sie Ihrem Liebling beibringen, jedes Spielzeug einzeln herzubringen und in die Kiste zurückzulegen. Somit verbinden Sie Suchen, Apportieren und Ausgeben auf Befehl, was dem Hund besonders viel Spaß macht und ihn vor allem auch geistig richtig fordert.

Diese Übung kann übrigens auch im Alltag sehr praktisch sein, wenn Ihr Retriever zum Beispiel schmutzige Wäsche direkt in den Wäschekorb, Ihren Schlüssel oder Ihr Handy auf die Kommode oder die gelesene Zeitung zum Altpapier legt, um nur einige Beispiele zu nennen.

Fährtenarbeit – der Klassiker

Die Fährtenarbeit ist zwar eine Disziplin der Vielseitigkeitsprüfung klassischer Gebrauchshunde. Aber auch jeder andere Hund kann durchaus eine Futterfährte erarbeiten. Und da der Labi ja ohnehin durch Futterbelohnungen sehr stark motiviert werden kann, ist die klassische Fährtenarbeit, wie sie bei uns in der Regel durchgeführt wird, ideal.

Beginnen Sie am besten mit einer Fährte auf einem Acker (bitte nur zu der Zeit, indem er nicht bestellt ist und man ihn betreten darf!) oder einer nicht zu hohen Wiese. Anfangs sollte der Schwierigkeitsgrad nicht zu hoch sein.

Um es Ihrem Labi noch etwas mehr zu erleichtern, können Sie ihn bei den ersten Übungseinheiten in der Nähe anbinden und ihn zuschauen lassen, wie Sie die Fährte legen.

Das Legen der Fährte erfolgt am besten, indem Sie in regelmäßigen Abständen in Ihre eigenen Fußabdrücke jeweils einen Futterbrocken legen. Hierfür eignen sich am besten kleine Wurst- oder Käsestücke. Der Anfang der Fährte wird markiert, um ihn auch wieder gut zu finden. Außerdem ist es für den Hund ein deutlicher Beginn der Fährte, der sogenannte Ansatz.

Sobald die Fährte ausgelegt ist, kehren Sie zu Ihrem Labi zurück, legen ihm das passende Geschirr – sozusagen die Arbeitskleidung – an und lassen ihn an einer 10-Meter-Leine die Fährte aufnehmen.

Legen Sie anfangs nur kurze Fährten (etwa 50 bis 100 Schritte) mit wenigen und nicht zu spitzen Winkeln. Allmählich können Sie dann den Schwierigkeitsgrad steigern, indem Sie die Länge der Fährte erhöhen, einen Geländewechsel und das Überqueren von Wegen einbauen oder eine Verleitungsfährte einer anderen Person kreuzen. Denken Sie aber daran, dass nur jeweils eine Fährte pro Trainingseinheit gearbeitet wird, damit sich der Hund gut konzentrieren kann und nicht überfordert wird. Auch sollten für jede Fährte immer neue Flächen gewählt werden, da die Gerüche einerseits lange bestehen bleiben und sich Ihr Labi andererseits immer mit seinem Geruchssinn und nicht durch seine Erinnerung an die letzte Fährte orientieren soll.

Je mehr Zeit verstreicht, bis der Hund die Fährte absuchen darf, umso schwieriger wird es für ihn. Das Wetter hat ebenfalls einen Einfluss auf den Schwierigkeitsgrad. So wirken sich zum Beispiel starker Wind und Regen erschwerend aus, aber auch sehr trockene Böden sind für den Hund nicht einfach abzusuchen. Ans Ende der Fährte kann man eine besonders große Futterbelohnung oder ein Spielzeug legen.

Wenn Ihr Labi Ihre eigenen Fährten sicher ausarbeitet, können Sie auch andere Personen bitten, eine Fährte zu legen. Ebenso können Sie dann Gegenstände einbauen, die auf der Fährte liegen und die der Hund ebenfalls auffinden soll.

Fährtenarbeit wird von vielen Hundevereinen als Gruppentraining angeboten. Hier finden Sie nicht nur Gleichgesinnte, mit denen Sie sich austauschen können, sondern lernen gemeinsam mit Ihrem Labi immer mehr dazu und können auch den Schwierigkeitsgrad erhöhen. So steigert es zum Beispiel den Anspruch der Übung und die Spannung, wenn Sie selbst nicht wissen, wie die Fährte verläuft, weil eine andere Person Sie in ihrer Abwesenheit gelegt hat. So lernen Sie selbst mit der Zeit, sich auf den Geruchssinn Ihres Labis zu verlassen und können umso mehr stolz sein, wenn er die Aufgabe gut gemeistert hat.

Bei der Fährtenarbeit geht es in erster Linie nicht nur um körperliche Bewegung und Schnelligkeit, sondern vor allem um den Einsatz des Ge-

> **!**
>
> **Nasenarbeit**
> Der bewusste Einsatz des Geruchssinns und die Unterscheidung und das Herausfiltern von bestimmten Gerüchen und Geruchsbildern werden durch die Nasenarbeit gefördert. Gleichzeitig wird dadurch die Merkfähigkeit des Labis trainiert.
> Bei der Nasenarbeit kann man somit die Nasenleistung des Hundes gezielt und sinnvoll einsetzen. Labis, die hier gefördert und geschult werden, neigen meist weniger zu unkontrolliertem Stöbern, endlosem Mauselöcherbuddeln oder auch zum Verfolgen von Wildfährten. Denn auch ein Labrador Retriever kann durchaus auf die Idee kommen, sich selbstständig zu machen, wenn er gelangweilt ist und eine gute Spur in der Nase hat.
> Länger andauernde Übungseinheiten bei der Nasenarbeit erfordern aber einen sorgfältigen Trainingsaufbau und eine gute Kondition des Hundes. Das sollten Sie unbedingt berücksichtigen.

123

ruchssinnes. Somit ist es für den Labi mit seiner hervorragenden Nase, der es aber manchmal etwas gemächlicher mag, eine äußerst passende Beschäftigung. Fährten ist auch ein guter Ausgleich für ältere Hunde, die nicht mehr springen sollen oder wollen, ebenso wie für Hunde, die körperlich nicht zu sehr belastet werden dürfen, da sie vielleicht an Gelenkerkrankungen leiden. Auch kann man schon im Welpenalter mit dem Fährtentraining beginnen. Die Länge der Fährte sollte jedoch immer an die Kondition und die Fähigkeit des Hundes angepasst sein. Ein routinierter Fährtensucher mit guter Kondition kann eine Länge von 1500 bis 2000 Schritten ohne Probleme ausarbeiten.

Mantrailing – Spurensuche der besonderen Art

Für das Mantrailing sind das richtige Geschirr und eine 10-Meter-Leine die „Dienstkleidung" für den Hund.

Der Begriff Mantrailing stammt aus dem Amerikanischen und bezeichnet das sichere Verfolgen und Aufspüren eines Menschen. Das Mantrailing ist besonders gut geeignet für vielseitig einsetzbare, zuverlässige, ausdauernde und eher ruhige Hunde mit einer sehr guten Nasenleistung. Somit ist der Labrador Retriever geradezu prädestiniert für diese Art Einsatz.

Was seine Bedeutung angeht, nimmt das Mantrailing eine übergreifende Position zwischen Sport und Arbeit ein. Es dient sowohl der sinnvollen Beschäftigung des Hundes, kann aber nach Können und Wunsch bis zum professionellen Einsatz im täglichen Leben ausgeweitet werden, sodass es dann eigentlich vergleichbar wäre mit der Tätigkeit als Rettungshund oder Drogenspürhund. Bevor Sie sich aber vielleicht dafür entscheiden, können Sie Mantrailing ebenso wie die Fährtenarbeit als sinnvolle Beschäftigung für Ihren Labi nutzen.

Mittlerweile gibt es einige erfahrene Mantrailing-Hundeführer, die Kurse für diese neue Disziplin anbieten. Übrigens kann man schon vom Welpenalter an mit diesem Training beginnen. Denn für die Nasenarbeit sind durchaus schon die jüngsten Vierbeiner geeignet und eine körperliche Überbelastung, die zu Gelenk- und Skelettschäden führen kann, wird durch dosierten Einsatz vermieden.

Wenn Sie Ihren ersten Mantrailing-Kurs absolviert und festgestellt haben, dass es genau die richtige Aufgabe für Sie und Ihren Vierbeiner ist, möchten Sie die Fähigkeiten Ihres Labis vielleicht weiter ausarbeiten und verfeinern und es nicht bei der bloßen Beschäftigung für den Hund belassen. Hier kommt dann die andere Bedeutung des Mantrailings zum Tragen: der Einsatz im realen Leben. Was früher nur in den USA anerkannt und genutzt wurde, beginnt sich auch bei uns so langsam zu etablieren: die Verwendung von Mantrailing-Hunden bei Polizei und Hilfsorganisationen, um vermisste Personen aufzuspüren.

Obwohl eine gewisse Ähnlichkeit besteht, gibt es doch gravierende Unterschiede zur Fährtenarbeit. Beim Mantrailing wird eine individuelle Geruchsspur aufgenommen, die jeder Mensch wie einen Fingerabdruck hinterlässt. Der Hund wird dazu animiert – durch positive Bestärkung und Belohnung – eine bestimmte Spur zu verfolgen. Diese Spur entsteht ausschließlich dadurch, dass die ausgewählte Person einen bestimmten Weg zurücklegt. Mithilfe eines Gegenstandes, an dem eindeutig der Geruch der zu suchenden Person haftet – wie zum Beispiel ein Kleidungsstück, eine Mütze, ein Schlüssel, eine Haarspange oder ein Schuh – kann der Hund die richtige Spur aus den unzähligen Düften anderer Menschen und der Umwelt herausfiltern. Der Hund kann somit auf Wald- und Feldboden in freier Natur, aber auch auf Asphalt oder Steinboden in der Stadt die Spur verfolgen, und zwar überall dort, wo sich die Umgebung mit dem Individualgeruch der vermissten Person vermischt hat.

Bei der Ausbildung und dem normalen Training läuft eine Person zuvor eine bestimmte Strecke ab, die anschließend der Hund erarbeiten muss, wobei der Schwierigkeitsgrad immer weiter erhöht werden kann. Die Person wartet dann an dem Zielort so lange, bis der Hund sie gefunden hat. Zur Bestätigung erhält er eine besonders leckere Belohnung und wird natürlich überschwänglich gelobt. Ein Erfolgserlebnis zum Abschluss ist äußerst wichtig, um den Hund weiterhin zu motivieren.

Für den Einsatz beim Mantrailing wird dem Hund ein entsprechendes Geschirr mit einer 10-Meter-Leine (ähnlich wie für die Fährtenarbeit) angelegt. Diese „Arbeitskleidung" sollte er nur beim Mantrailing tragen. So verbindet der Hund damit den bevorstehenden Einsatz und er weiß, welche Aufgabe er zu erledigen hat.

Freiverlorensuche – auch geeignet für den Garten

Eine Abwandlung der Fährtenarbeit ist die Verlorensuche. Hierzu läuft man mit einem Hund, der das Fährten schon kennt, eine gewisse Strecke, während der man geplant einen Gegenstand verliert und danach noch ein Stückchen weiterläuft. Anschließend soll der Hund die Fährte zurück ausarbeiten, um den Gegenstand zu finden.

Die Übung fordert nicht nur Ihren Labi und bringt Abwechslung in den Alltag, sondern kann auch einmal sehr nützlich sein, wenn Sie selbst beim Spaziergang zum Beispiel einen Schlüssel, ein Handy oder die Hundeleine verlieren.

Die Nase eines Labrador Retrievers ist immer im Einsatz – auch beim Suchen von versteckten Gegenständen.

Zum Anlernen ist es am Anfang sinnvoll, wenn Sie ein Spielzeug oder den Lieblings-Dummy Ihres Labis „verlieren", da es für ihn dann eine ganz besondere Bestätigung ist, wenn er sein eigenes Lieblingsspielzeug findet. Hat Ihr Labi das Prinzip dieser Aufgabe begriffen, können Sie auch andere Gegenstände verlieren bzw. auslegen.

Eine Variante der Verlorensuche ist das Finden von verstecktem Futter und versteckten Gegenständen. Solche Übungen kann man auch sehr gut in der Wohnung oder dem Garten durchführen. Anfangs darf Ihr Labi zuschauen, wie Sie das Futter oder den Gegenstand (am besten ein Spielzeug) verstecken. Hat er den Ablauf begriffen, steigern Sie den Schwierigkeitsgrad und die Spannung dadurch, dass Ihr Hund nicht mehr beobachten kann, wie Sie den Gegenstand verstecken.

Hierfür lassen Sie Ihren Labi an einer bestimmten Stelle sitzen oder liegen. Dann entfernen Sie sich mit dem Gegenstand, bis Sie für den Hund außer Sicht sind, zum Beispiel draußen hinter einem Baum, einem Gebüsch, einem Schuppen oder im Haus in einem anderen Zimmer oder Stockwerk. Dann legen Sie dort den Gegenstand ab und kehren zum Hund zurück. Erst dann bekommt er die Aufforderung, nach dem Gegenstand zu suchen. Er wird Ihre Spur verfolgen und den verlorenen Gegenstand mit Freude zurückbringen.

Eine weitere Steigerung ist, wenn Sie den Gegenstand nicht direkt auf dem Boden, sondern etwas erhöht verstecken. Oder Sie decken ihn noch mit Ästen, Stroh, Laub, einem Karton, Zeitungspapier oder Ähnlichem ab, sodass Ihr Labi den Gegenstand zusätzlich noch ausgraben oder „auspacken" muss.

Hundesport – aber nur gemächlich

Wenn Sie mit Ihrem Labi-Welpen einen Welpenkurs besucht haben und vielleicht auch weiterführende Kurse mit dem angestrebten Ziel, die Begleithundprüfung abzulegen, werden Sie sicherlich auch schon die unterschiedlichsten Hundesportarten wie Agility, Turnierhundsport, Obedience, Dog Dance oder Frisbee kennengelernt haben.

Grundsätzlich können Sie mit ihrem Labrador Retriever jede Hundesportart ausüben. Dabei sollten Sie aber berücksichtigen, dass Sie bei Sportarten, bei denen es hauptsächlich um Geschwindigkeit geht wie bei Agility, aber auch beim Turnierhundesport mit Ihrem Vierbeiner kaum Gewinnchancen haben, falls Sie daran denken, an Wettkämpfen teilzunehmen. Dagegen ist es aber ein ideales Training sowohl für die Beziehung Mensch – Hund als auch für die körperliche Fitness. Grundsätzlich sollten Sie aber jegliche Sportarten, bei denen Ihr Hund über Hürden oder Hindernisse springen muss, erst ausüben, wenn er ausgewachsen ist und seine Knochen und Gelenke voll ausgebildet sind. Sollte er körperlich durch Gelenkserkrankungen oder andere Knochenprobleme eingeschränkt sein, verzichten Sie bitte auf Sportarten, für die Sprünge oder schnelle, wendige Bewegungen und abruptes Anhalten erforderlich sind.

- Für den Labi, der es zwar seinen Menschen immer recht machen will und sehr lernbegierig ist, aber es lieber etwas langsamer angehen möchte, ist dagegen **Obedience** hervorragend geeignet. Bei dieser „Hohen Schule" der Hundeerziehung kommt es nämlich nicht auf Geschwindigkeit, sondern auf möglichst perfekten Gehorsam, korrekte Ausführung der Übungen und einer harmonischen Zusammenarbeit zwischen Mensch und Hund an. Nur in den höheren Klassen ist ein Hindernissprung gefordert, der aber auch gemächlich sein kann und nicht übertrieben hoch erfolgen muss. Somit können Sie in dieser Disziplin durchaus mit anderen Mensch-Hund-Teams mithalten und sich bis in die höchste Klasse hocharbeiten.

Hundesportliche Aktivitäten mit Sprüngen über Hürden sollten nur gemächlich und an Alter und Konstitution des Hundes angepasst erfolgen.

- Das **Dog Dance**, zu bestimmter Musik passende Bewegungsabläufe, ist aus dem Obedience entstanden und hat sich zu einer eigenen Disziplin entwickelt, bei der es vor allem um den Show-Effekt und der harmonischen Zusammenarbeit zwischen Mensch und Hund geht. Wenn Sie von Ihrem Labi nicht extremen körperlichen Einsatz abverlangen, ist er durchaus auch für diese Sportart zu begeistern.

▪ Faszinierend und spektakulär ist für viele Zuschauer das **Hundefrisbee**, bei denen meist sehr schnelle und wendige Hunde den fliegenden Frisbee auffangen, bevor er die Erde berührt. Auch wenn es noch so toll aussieht, sollten Sie von Ihrem Labi auf keinen Fall die häufig extremen Körperbewegungen abverlangen, wenn es darum geht, eine fliegende Scheibe zu fangen. Ein richtiger Hundefrisbee, der weich genug sein muss, damit er das Hundegebiss nicht schädigt oder verletzt, kann als Spielzeug gern verwendet werden. Aber das Fangen mit dem anschließenden Apportieren sollte nicht mit extrem hoch fliegenden, sondern nur mit rollenden und flach geworfenen Scheiben erfolgen, damit Ihr Labi nicht Gefahr läuft, sich seine Gelenke oder die Wirbelsäule zu schädigen.

Schwimmen – worauf zu achten ist

Auch wenn ein Labi noch so wasserbegeistert und ein guter Schwimmer ist, sollte in Gewässern auf die Sicherheit des Hundes geachtet werden.

Die Wasserbegeisterung ist den Retrievern angeboren und auch das Schwimmen braucht man ihnen nicht beizubringen. Somit wird es Ihnen keine Mühe machen, Ihren Labi ans Wasser zu gewöhnen – im Gegenteil, schon als Welpe wird er sich mit Wonne in allem, was nass ist, aufhalten und Sie werden eher Ihre ganze Überredungskunst einsetzen müssen, um ihn aus dem Wasser wieder herauszubekommen.

Aber auch wenn Ihr Retriever ein noch so guter Schwimmer ist, lauern vor allem in großen Flüssen oder im Meer mit starker Strömung gewisse Gefahren. Achten Sie darauf, dass Ihr Vierbeiner nicht von einer Strömung abgetrieben wird und dadurch nicht mehr ans Ufer gelangt. Denn auch ihn strengt das Schwimmen an und die Kraft kann irgendwann nachlassen. Auch wenn es Ihnen schwer fällt: Sollte Ihr Labi eine echte Wasserratte sein, führen Sie ihn an gefährlichen Gewässern trotzdem an der Leine, damit seine Leidenschaft nicht plötzlich zu einem Unglück führt.

Sollten Sie häufiger mit einem Boot – egal welcher Größe – unterwegs sein und Ihren Hund dabei mitnehmen, legen Sie sich sicherheitshalber für Ihren Vierbeiner ebenso wie für sich selbst eine Schwimmweste zu.

Auch wenn Sie meinen, dass Ihr Labi doch ein so guter Schwimmer sei, kann je nach Art des Gewässers eine Schwimmweste überlebenswichtig für ihn sein. Vor allem in tiefen Gewässern weit weg vom Ufer oder in Flüssen oder im Meer mit starker Strömung ist das Tragen einer Schwimmweste zu empfehlen. Denn es kann durchaus schnell passieren, dass ein Hund aus Unachtsamkeit oder plötzlichem starken Wellengang über Bord geht. Und wie schnell wird auch ein guter Schwimmer dann vom Boot weggetrieben. Trägt er eine Schwimmweste, kann er nicht untergehen, auch wenn vielleicht seine Kraft nachlässt, bevor man ihn wieder aus dem Wasser gefischt hat.

Wer übrigens seinem Labi während einer Bootstour ein gewisses Schwimmtraining bieten möchte, kann ihn durchaus neben dem Boot herschwimmen lassen und ihn dabei mit einer langen Leine, die an der Schwimmweste befestigt ist, sichern. So haben Sie ihn immer unter Kontrolle und er kann seinem Schwimmtrieb nach Herzenslust nachkommen.

Lassen Sie Ihren Labi aber nie mit angelegtem Halsband schwimmen, wenn er allein zum Beispiel bei der Dummy-Arbeit oder bei einer Jagdprüfung ins Wasser geschickt wird, da er damit leicht an einem Ast hängen bleiben und sich verletzen oder strangulieren kann.

Wenn Sie selbst mit Ihrem Hund schwimmen gehen möchten, denken Sie daran, dass Hunde auch im Wasser gern die Nähe ihrer Menschen suchen und diese häufig dabei mit den paddelnden Pfoten treffen. Das kann zu schmerzhaften Kratzern an Rücken und Armen führen. Versuchen Sie, Ihrem Labi beizubringen, einen gewissen Abstand zu halten. Um sich vor möglichen Kratzern zu schützen, tragen Sie beim Schwimmen am besten ein T-Shirt.

Das Märchen von den Schwimmhäuten

Sicherlich haben Sie auch schon mal davon gehört, dass es angeblich Hunde mit Schwimmhäuten gibt, allen voran natürlich so besonders wasserbegeisterte Hunde wie der Labrador Retriever. Aber stimmt das wirklich?

Wenn Sie die Pfote eines Labis in die Hand nehmen und die Zehen etwas auseinander ziehen, erkennen Sie sofort die sogenannten Zwischenzehenhäute, die eben oft auch als Schwimmhäute bezeichnet werden. Grundsätzlich hat aber jeder Hund solche Zwischenzehenhäute, wobei es durchaus sein kann, dass bei Hunderassen, die speziell für die Wasserarbeit gezüchtet wurden, diese Häute etwas ausgeprägter sind und weiter in Richtung Zehenspitzen reichen. Echte Schwimmhäute sind das aber nicht.

Dennoch unterstützen sie die Schwimmbewegungen eines Hundes. Aber auch in anderen Lebenslagen wie zum Beispiel beim Laufen auf Schnee oder Sand bieten sie Vorteile. Hier werden die Zehen so weit wie möglich gespreizt, damit der Hund in dem weichen Untergrund nicht so stark einsinkt und sich dadurch leichter und schneller vorwärts bewegen kann. Somit sind sie durchaus eine sehr sinnvolle Erfindung der Natur.

129

Gehirnjogging und Fitnessübungen für den Labi

Wenn Sie ihren Labi sinnvoll und rassegemäß beschäftigen wollen, aber schmuddeliges Wetter herrscht und Sie eigentlich keine Lust haben, in Gummistiefeln bei Wind und Wetter draußen auf dem Feld Dummys zu werfen, gibt es alternativ auch genug Möglichkeiten, Ihren Hund zur Abwechslung mal zu Hause oder im Garten zu fordern. Hierzu gehören sowohl „Denksportaufgaben" wie auch Geschicklichkeitsübungen. Natürlich kann auch die Nase überall eingesetzt werden. Und dass Ihr Labi alle tragbaren Gegenstände immer wieder mit Freude sucht und apportiert, dürfte Ihnen mittlerweile auch nicht entgangen sein.

Für alle Übungen gilt natürlich, dass sie wie bei der Grunderziehung Schritt für Schritt mit positiver Bestärkung angelernt werden. Wichtig ist außerdem, dass Sie bestimmen, wann ein Spiel oder einen Übung beginnt und wann die „Spielstunde" vorüber ist. Ihr Labi sollte nicht auf die Idee kommen, selbstständig diese Entscheidung zu treffen und Sie so lange zu animieren, bis Sie schließlich nachgeben. Auch ein Labi muss regelmäßig in seine Schranken gewiesen und daran erinnert werden, wer im Familienrudel das Sagen hat. Umso begeisterter wird er dabei sein, wenn Sie ihn zum Spiel oder zum Üben auffordern.

Bei Spaziergängen in der Natur gibt es viele Möglichkeiten, um Gleichgewicht und Koordination zu fördern.

Zur Abwechslung und als Fitnessübung können Sie Ihren Labi auch mal über einen kleinen Bach springen lassen.

Zahlreiche Beispiele und Anregungen wurden schon zuvor in diesem Kapitel beschrieben. Aber auch Gleichgewicht und Koordination sollten regelmäßig gefördert werden.

So können Sie im eigenen Garten Fitnessübungen für Ihren Labi anbieten. Lassen Sie ihn sich zum Beispiel auf eine leere Schubkarre setzen und schieben ihn dann eine kleine Strecke durch den Garten. Diese Übung fördert einerseits das Vertrauen und die Bindung zu Ihnen, da jedem Hund anfangs diese Art der Fortbewegung nicht geheuer ist. Andererseits koordiniert Ihr Labi durch das Gleichgewichthalten seine motorischen Fähigkeiten, fördert seine Geschicklichkeit und baut seine Muskeln auf. Oder lassen Sie ihn über einen Baumstamm, ein leicht erhöhtes Brett oder auf einem kleinen Mäuerchen balancieren. Auch hier muss er sich auf die Koordination konzentrieren.

Ebenso können Sie Ihren Labi auf Spaziergängen über bestimmte Hindernisse schicken, ihn über einen kleinen Bach springen lassen oder mit ihm mal einen Slalom um eine Reihe Bäume ablaufen. Die Natur bietet viele Möglichkeiten, um den täglichen Gassigang abwechslungsreich zu gestalten.

Der Labrador Retriever als Jagdbegleiter

Als Jagdbegleiter wird der Labrador Retriever vor allem für die Arbeit nach dem Schuss geschätzt.

Auch wenn sich der Labrador Retriever zu einem äußerst beliebten und zweifellos angenehmen Familienhund entwickelt hat, bleibt er doch immer noch ein Jagdhund, der ursprünglich für die Arbeit nach dem Schuss zum Apportieren des erlegten Wilds gezüchtet wurde. Und diese Fähigkeit haben sich die Hunde bis heute erhalten, auch wenn nur noch relativ wenige von ihnen zum jagdlichen Einsatz kommen.

Zum Glück gibt es unter den Jägern aber immer noch einen festen Liebhaberkreis, die den Labrador Retriever als Jagdbegleiter schätzen und nicht auf ihn verzichten möchten.

Damit der Labi seine Rasse entsprechend bei der Jagd eingesetzt werden kann, muss er bestimmte Voraussetzungen erfüllen, um seine Arbeit korrekt und wie gewünscht ausführen zu können. Ursprünglich wurde der Labrador Retriever als Apportierhund bei der Niederwildjagd eingesetzt, wird heute aber auch häufig – wie viele andere Jagdhundrassen – als vielseitiger Jagdgebrauchshund verwendet.

Im jagdlichen Einsatz

Während des Treibens des Wilds geht der Labrador Retriever ruhig neben seinem Führer her oder er sitzt, wenn es zum Schuss kommt. Dann muss er sich die Fallstellen des geschossenen Wildes merken und es auf Befehl apportieren. Der Labi sollte dann auf kürzestem Weg direkt zu seinem Führer kommen und dabei das Wild unbeschädigt – hierfür ist also die Weichmäuligkeit so wichtig – bringen und abgeben. Für diese Arbeit muss ein Hund ruhig und konzentriert bei der Sache sein und das Jagdgeschehen verfolgen, ohne einzugreifen, wenn nicht das entsprechende Kommando gegeben wird. So darf ein Labi zum Beispiel nicht einfach einem unverletzten Wild hinterherjagen. Das Auffinden des erlegten Tieres erfordert eine hervorragende Nase, die gezielt eingesetzt wird, und eine gewisse Ruhe und Geduld, um es auch wirklich aufzufinden, wenn es in einem unwegsamen und unübersichtlichen Gelände zu suchen ist.

Für den Fall, dass der Jäger zwar gesehen hat, wo sich das geschossene Wild befindet, der Hund es aber nicht sehen konnte oder sich das Wild einfach sehr weit weg befindet, ist das Einweisen des Hundes sehr wichtig. In diesem Fall weist der Hundeführer mithilfe von Handzeichen und Pfiffen seinen Hund ein und dirigiert ihn so zu dem geschossenen Wild.

Bei den Feldübungen mit dem Labrador Retriever ist das sogenannte „Marking" (siehe S. 107) sehr wichtig. Aufgabe des Hundes ist es dann, die einzelnen Stücke in der zeitlich richtigen Reihenfolge zu apportieren und dabei nicht zu vergessen, wo sie sich befinden. Ein gut ausgebildeter Labi sollte sich fünf Stücke merken können.

Nicht zuletzt ist für den jagdlichen Einsatz auch die Friedfertigkeit sowohl im Umgang mit fremden Personen als auch mit anderen Hunden eine wichtige Voraussetzung.

Heute wird der Labrador Retriever – wie viele andere Jagdhundrassen auch – nicht mehr nur für seine spezielle Aufgabe bei der Jagd eingesetzt, sondern soll sich als Allrounder bewähren, sodass zu seinem Einsatz auch mal eine Nachsuche gehört. Ebenso hat er sich schon für die Arbeit vor dem Schuss bewährt, wenn es ums Buschieren oder Stöbern geht.

Die richtige Ausbildung

Auch wenn der Labrador Retriever als leichtführig gilt und ihm viele seiner Fähigkeiten in die Wiege gelegt wurden, muss er doch eine fundierte Ausbildung erhalten, wenn er später jagdlich eingesetzt werden soll.

Es wird zwar häufig behauptet, der Labi habe eine rasche Auffassungsgabe, sei äußerst lernwillig und wesentlich schneller auszubilden als viele anderen Hunde. Aber gelegentlich muss man auch damit rechnen, dass ein Labi durchaus mal seinen eigenen Kopf durchsetzen möchte und vielleicht nicht je-

Für den jagdlichen Einsatz werden hauptsächlich Labrador Retriever aus der sogenannten Arbeitslinie verwendet.

den Tag bereit ist, so schnell neue Aufgaben zu erlernen. Aber lassen Sie sich dadurch nicht entmutigen. Mit einer konsequenten, ruhigen und liebevollen Erziehung wird Ihr Hund – der eine vielleicht etwas früher als der andere – zu einem zuverlässigen Jagdbegleiter.

Entsprechende Ausbildungen, Kurse, Trainingsmöglichkeiten und Prüfungen werden sowohl vom DRC als auch vom LCD angeboten. Ebenso können Sie auch bei Veranstaltungen und Prüfungen für Jagdhunde allgemein, die vom JGHV (Jagdgebrauchshundeverband) ausgerichtet werden, **133** mit Ihrem Labrador Retriever teilnehmen. Die Kurse und Prüfungen durch die beiden Retrieverclubs haben allerdings den Vorteil, dass sie direkt auf die Talente und Eigenschaften der (Labrador) Retriever zurechtgeschnitten sind und auch für diese Rasse(n) speziell ausgewählte Prüfungsfächer beinhalten.

Wenn Sie mit Ihrem Labi an verschiedenen Prüfungen, die vom DRC und LCD organisiert werden, teilnehmen möchte, muss Ihr Hund VDH- oder FCI-Papiere besitzen. Er muss also aus einer Zucht stammen, die dem Dachverband, also dem VDH, oder einem anderen von der FCI anerkannten Zuchtverband angeschlossen ist. Weitere Voraussetzung für die Teilnahme an allen diesen Leistungsprüfungen ist außerdem eine bestandene Begleithundprüfung. Dasselbe gilt übrigens auch für die Teilnahme an Turnieren im Hundesportbereich.

Jagdgebrauchsprüfungen

Wer seinen Labi jagdlich führen möchte, hat die Möglichkeit, verschiedene Jagdgebrauchsprüfungen mit seinem Hund abzulegen. Im Folgenden werden die Prüfungen, die ausschließlich vom DRC und vom LCD angeboten werden, kurz vorgestellt.

Soll ein Labrador Retriever später auch für die Zucht speziell in einer Arbeitslinie eingesetzt werden, ist das Bestehen bestimmter Leistungsprüfungen ohnehin Bestandteil der Zuchtzulassung.

Jugendprüfung für Retriever (JP/R)

Die Jugendprüfung ist eigentlich eher ein Eignungstest, für den Ihr Hund noch keine spezielle Ausbildung benötigt. Sinn dieser Prüfung ist einfach die Feststellung der Anlagen des jungen Hundes, und zwar in Hinblick auf eine mögliche Verwendung im Jagdgebrauch und auch als Zuchthund. Durch die JP/R lässt sich nämlich auch der Erbwert der Elterntiere erkennen. Je mehr der Nachkommen an solch einer Eignungsprüfung teilnehmen, umso mehr lässt sich nachweisen, wie gut die Eltern ihre jagdlichen Anlagen vererbt haben.

An der JP/R dürfen Labrador Retriever im Alter zwischen neun und 24 Monaten teilnehmen.

Da der Labi ja für die Arbeit nach dem Schuss vorgesehen ist, werden insbesondere die Eigenschaften beurteilt, die den Hund zu einem guten Verlorenbringer machen, nämlich eine gute Nase, ein ausgeprägter Finderwille sowie Wesensfestigkeit und Durchhaltevermögen.

Bringleistungsprüfung für Retriever (BLP/R)

Die BLP/R ist eine Zucht- und Leistungsprüfung, die in der Regel erst stattfindet, wenn der Labi die Ausbildung zum Jagdhund abgeschlossen hat.

Somit werden nicht nur die Anlagen geprüft, sondern der Hund muss schon Aufgaben, die durch eine Prüfungsordnung festgelegt sind, lösen. Sinn dieser Prüfung ist es vor allem festzustellen, ob der Hund aufgrund seiner Anlagen und Leistungen besonders für die Zucht von Jagdgebrauchshunden geeignet ist.

Die BLP/R ist aufgeteilt in **Anlagefächer** und **Abrichtefächer**.
Anlagefächer:
1. Freie Verlorensuche und Bringen von zwei Stück ausgeworfenem Haarnutzwild
2. Wasserarbeit: Verlorensuche im deckungsreichen Gewässer
3. Führigkeit
4. Arbeitsfreude
5. Nasengebrauch

Abrichtefächer:
6. Einweisen auf und Bringen von zwei Stück ausgeworfenem Federwild
7. Federwildschleppe
8. Haarwildschleppe
9. Art des Bringens: Hase oder Kaninchen, Ente, Fasan oder Huhn
10. Allgemeines Verhalten – Gehorsam
11. Gehorsamsfächer: Verhalten auf dem Stand, Leinenführigkeit, Folgen frei bei Fuß, Ablegen

Bei der Bringleistungsprüfung wird unter anderem die Art des Bringens, sowohl von Federwild als auch von Haarwild, bewertet.

135

Dr.-Heraeus-Gedächtnis-Prüfung (HP/R)

Die HP/R ist eine retrieverspezifische Leistungsprüfung in Gedenken des Ehrenpräsidenten des DRC, Dr. H. W. Heraeus. Bei dieser Prüfung sollen die Hunde ihre Nasenleistung, Lenkbarkeit, Merkfähigkeit und Apportierfreude unter Beweis stellen. Besonders gefragt ist hier natürlich auch das ausgeglichene Temperament. Die Hunde sollen einen „guten Stil" zeigen. Zur HP/R gehören folgende Prüfungsfächer:

1. Haarwildschleppe
2. Marking (Merken) auf dem Lande
3. Einweisen auf zwei Stück Federwild
4. Verlorensuche im deckungsreichen Gewässer
5. Marking (Merken) auf dem Wasser
6. Einweisen über ein Gewässer auf eine Schleppspur
7. Standtreiben mit Verlorensuche

St. John´s Retrieverprüfung (SRP)

Die SRP ist eine internationale Apportierprüfung. Hier soll vor allem geprüft werden, wie gut die Befähigung der Hunde ist, geschossenes Wild zu apportieren, und ob die gewünschte Weichmäuligkeit besteht. Um den Anforderungen dieser Spezialprüfung gerecht zu werden, sollten die Aufgaben möglichst jagdnah gestaltet sein. Gerichtet wird nach den Grundlagen des internationalen Reglements für Arbeitsprüfungen im Felde (Field-Trials) für Retriever.

Der Ablauf der Prüfung und die einzelnen Prüfungsfächer werden immer den örtlichen Gegebenheiten angepasst. Jeder Hund muss dabei mindestens sechs Aufgaben bekommen, die jagdnah angepasst sind. Zumindest eine Übung muss Wasserarbeit enthalten. Weiterhin wird besonderer Schwerpunkt auf Markierung, Einweisen und Verlorensuche gelegt.

Jagdgebrauchsprüfung für Retriever

Die JPG/R ist eine Leistungsprüfung, die vom LCD abgenommen wird. Hier soll festgestellt werden, ob ein Hund für den Einsatz in einem vielseitigen Jagdbetrieb geeignet ist. Außerdem werden hohe Anforderungen an den Gehorsam gestellt. Es dürfen keine Hunde teilnehmen, die im selben Jahr, in der die Prüfung stattfindet, geboren wurden. Insgesamt darf ein Hund nur zweimal an einer JPG/R teilnehmen.

Zu der JPG/R gehören folgende Aufgaben:

I. Waldarbeit
1. Riemenarbeit (Übernachtfährte), Totverbellen (zusätzlich), Totverweisen (zusätzlich)
2. Hasen- oder Kaninschleppe
3. Bringen von Haarnutzwild

Das Bringen einer Ente ist wichtiger Bestandteil von jagdlichen Prüfungen.

    4. Verlorensuche im Wald

    5. Buschieren

    6. Fuchsschleppe (zusätzlich)

    7. Bringen von Fuchs (zusätzlich)

II. Wasserarbeit

    1. Stöbern ohne Ente im deckungsreichen Gewässer

    2. Schusstauglichkeit im Wasser

    3. Stöbern mit Ente im deckungsreichen Gewässer

    4. Verlorensuche im deckungsreichen Gewässer

    5. Bringen der Ente

III. Feldarbeit

    1. Verlorensuche von Federwild

      a) Federwildschleppe

      b) freies Verlorensuchen ausgelegter Stücke Federwild

    2. Bringen von Federwild

IV. Gehorsam

    1. Allgemeines Verhalten – Gehorsam

    2. Verhalten auf dem Stande/Schussruhe

    3. Leinenführigkeit

    4. Folgen frei bei Fuß

    5. Ablegen

    6. Schusstauglichkeit und Hereinkommen auf Pfiff

    7. Lenkbarkeit

    8. Führigkeit

V. Arbeitsfreude

Spezial-Jagdgebrauchsprüfung für Retriever

Außerdem gibt es noch die Spezial-Jagdgebrauchsprüfung für Retriever, deren Prüfungsordnung ebenfalls vom LCD festgelegt wird. Hierbei handelt es sich um eine Leistungsprüfung mit hohen Anforderungen an die Lenkbarkeit, Spurwilligkeit und Apportierfähigkeit des Labrador Retrievers. Zu dieser Prüfung werden Retriever mit bestandener Begleithundprüfung (siehe S. 99 ff.) oder JGP/R zugelassen. Sie müssen außerdem älter als 18 Monate sein. Die Prüfung wird möglichst im Herbst an einem Tag durchgeführt.

> Prüfungen, die nur vom DRC oder vom LCD abgenommen werden, werden auch jeweils vom anderen Club anerkannt.

Bei der Spezial-Jagdgebrauchsprüfung für Retriever sind folgende Fächer zu prüfen:

I.   Haarwildschleppe (500 Meter, 4 Haken, 20 Minuten Stehzeit)
II. Einweisen auf zwei Stück Federwild (Winkel 90 Grad; 80 Meter Entfernung)
III. Verlorensuche aus tiefem Schilfwasser bzw. Uferdickicht
IV. Einweisen über ein Gewässer auf eine Schleppspur
V.   Bringen von Kaninchen, Fasan und Ente
VI. Lenkbarkeit
VII. Arbeitsfreude

Retriever Gebrauchshundeprüfung (RGP)

Die RGP ist der JPG/R sehr ähnlich, wird aber vom DRC abgenommen. Zu dieser Prüfung gehören folgende Aufgaben:

I. Waldarbeit
    1. Riemenarbeit – Übernachtfährte, Riemenarbeit – Tagfährte, Totverbeller (zusätzlich), Totverweiser (zusätzlich)
    2. Bringen von Fuchs über Hindernis (fakultativ)
    3. Fuchsschleppe (fakultativ)
    4. Bringen von Fuchs auf der Schleppe (fakultativ)
    5. Hasen- oder Kaninchenschleppe
    6. Freie Verlorensuche und Bringen von zwei Stück Nutzwild
        a) Arbeit am frisch geschossenen Wild oder
        b) Arbeit am ausgeworfenen Wild
    7. Bringen von Hase oder Kaninchen
    8. Buschieren
II. Wasserarbeit
    1. Stöbern ohne Ente im deckungsreichen Gewässer
    2. Schusstauglichkeit (wird nicht bewertet)
    3. Verlorensuche im deckungsreichen Gewässer
    4. Stöbern mit Ente im deckungsreichen Gewässer
    5. Bringen der Ente

III. Feldarbeit

1. Verlorensuche von Federwild
   a) Arbeit am geflügelten Huhn/Fasan oder b) Federwildschleppe
2. Einweisen
   a) Einweisen auf zwei Stück frisch geschossenes Federwild oder
   b) Einweisen auf zwei Stück ausgeworfenes Federwild
3. Bringen von Federwild

IV. Gehorsam

A. 1. Allgemeines Verhalten – Gehorsam
   2. Verhalten auf dem Stand
   3. Leinenführigkeit
   4. Folgen frei bei Fuß
   5. Ablegen
   6. Schusstauglichkeit und Hereinkommen auf Ruf und/oder Pfiff
   (wird nicht zensiert)

B. Arbeitsfreude

Wenn Sie beabsichtigen, mit Ihrem Labrador Retriever eine oder mehrere dieser Prüfungen zu absolvieren, finden Sie genauere Informationen und die gesamten Prüfungsordnungen auf den Internetseiten des LCD (www.labrador.de) und des DRC (www.drc.de).

Beim Field Trial muss der Labi mit seiner Weichmäuligkeit überzeugen. **139**

Zur Vorbereitung für den Field Trial kann man auch mit einem Apportel aus Kunststoff üben.

Field Trial

Field Trial bedeutet „Arbeitsprüfung im Felde". Hiermit wird eine Prüfung bezeichnet, die während einer Jagd auf Niederwild erfolgt. Diese Prüfung stammt aus Großbritannien und wird dort auch nach wie vor regelmäßig für Retriever angeboten. Aber auch auf dem Kontinent hat sich der Field Trial etabliert. Er wird auch als die „Königsdisziplin der Retrieverarbeit" bezeichnet.

Field Trials können nur während der Jagdsaison abgehalten werden, da die Grundlage für die Prüfung der Such- und Apportierleistung der Hunde das Erlegen des Wilds im Rahmen einer echten Jagd ist. Sinn dieser Prüfung ist es, herauszufinden, welche Hunde die Neigung dazu haben, geschossenes Wild aufzuspüren. Diese Fähigkeit gilt als wichtigstes Kriterium bei der Beurteilung. Außerdem sollte der Hund die von der Rasse erwarteten Markierfähigkeit besitzen, die Nase richtig einsetzen, eine gewisse Selbstständigkeit zeigen und mit der gewünschten Weichmäuligkeit überzeugen. Die Einwirkungen des Hundeführers sollten dabei auf ein Minimum reduziert sein.

Diese Prüfung wird von Vereinen oder Organisationen abgehalten, die von der FCI anerkannt sind. Auf dem europäischen Festland unterscheidet man zwei Varianten des Field Trials.

■■ **Field Trial a l'anglaise**
Dieser Field Trial wird, wie der Name schon sagt, nach dem englischen Vorbild abgehalten. Die Hunde werden daher wie in Großbritannien immer ohne Leine vorgestellt und geprüft.

■■ **Field Trial à la française**
Hierbei handelt es sich um die etwas abgewandelte Form des Field Trials: Die Hunde dürfen während der Prüfung an der Leine vorgestellt werden. Diese Art des Field Trials wird vor allem in Frankreich, Belgien und Italien durchgeführt, daher auch der Name.

Eine Besonderheit stellt noch der sogenannten **Mock Trial** dar. Hierbei handelt es sich um eine dem Field Trial entsprechenden Prüfung, die nicht in Verbindung mit einem echten Jagdereignis abgehalten wird, sondern mit Dummys nachgestellt wird.

Der Labrador Retriever als Helfer im Einsatz

Ein völlig anderer Bereich außer dem jagdlichen Einsatz, in dem sich in den letzten Jahren oder sogar Jahrzehnten der Labrador Retriever sehr bewährt hat und kaum mehr wegzudenken ist, ist der Einsatz dieser Hunde als Helfer für den Menschen. Hier gibt es eine Reihe verschiedener Bereiche, bei denen sich der Labrador Retriever durchweg als hervorragend geeignet erwiesen hat.

Dank seiner Arbeitsfreude und seiner guten Nase ist der Labrador Retriever ein vielseitig einsetzbarer, wertvoller Helfer für den Menschen.

Der Blindenführhund

Die Ausbildung zu einem Blindenführhund ist für einen „normalen" Familienhund gar nicht möglich, da sie durch bestimmte Führhundschulen erfolgt und sozusagen beim Welpen schon fast vom ersten Tag an beginnt. Dennoch soll diese so wertvolle Aufgabe für einen Hund hier kurz erwähnt werden, da der Labrador Retriever für diese Arbeiten regelrecht prädestiniert ist.

Vor fast hundert Jahren begann man, Hunde zur Unterstützung von Blinden – damals waren es vor allem erblindete Soldaten des Ersten Weltkriegs – auszubilden. Über Jahrzehnte wurden hierfür fast ausschließlich Deutsche Schäferhunde verwendet. Erst viel später in der zweiten Hälfte des letzten Jahrhunderts begann man – zunächst in England, danach auch auf dem Kontinent – andere Hunderassen auszuwählen und sogar speziell dafür zu züchten. Hier erwiesen sich dann der Golden und der Labrador Retriever als besonders geeignet. Heute ist der Labrador Retriever wohl die Hunderasse, die am häufigsten zum Blindenführhund ausgebildet wird.

Diese Ausbildung ist sehr langwierig und kostenintensiv. Die anerkannten Führhundschulen wählen für die infrage kommenden Welpen die passenden „Pflegefamilien" aus, bei denen sie das erste Lebensjahr verbringen. In dieser Zeit müssen sie optimal geprägt und sozialisiert werden und erhalten eine fundierte Grundausbildung, wie sie eigentlich jeder gut erzogene Hund haben sollte. Erst wenn im Alter von etwa einem Jahr die Hunde den dafür vorgesehen Wesenstest und den Gesundheitscheck mit Bravour bestehen, beginnen sie mit der richtigen Ausbildung zum Blindenführhund. Noch während dieser Zeit wird für jeden Hund die passende, infrage kommende blinde Person, die er später begleiten und führen soll, ausgewählt. Dann wird die Ausbildung auf das zukünftige Team ausgeweitet. Mensch und Hund müssen dann auch eine entsprechende Prüfung ablegen. Erst dann darf der Blindenführhund zu seinem neuen Hundeführer „umziehen". Das Team wird aber auch später noch von der entsprechenden Führhundschule betreut.

Das sanfte Wesen, die Arbeitsfreude, die Lernbereitschaft und die hohe Reizschwelle sind wichtige Merkmale, die den Labrador Retriever zum idealen Blindenführhund machen. Auch der kräftige Körper mit einer gewissen Schulterhöhe ist für die Zusammenarbeit mit dem Blinden wichtig (ein kleinerer Hund wäre nicht geeignet).

Der Hund muss auf bestimmte Kommandos, aber dennoch selbstständig seinen Menschen über die richtigen Wege leiten und ihn auf verschiedene Objekte aufmerksam machen wie zum Beispiel Ampeln oder Treppen. Er muss aber auch vor Gefahren warnen und sich in solchen Situation Kommandos widersetzen. Dies nennt man „intelligente Gehorsamsverweigerung" und ist das Besondere an einem Blindenführhund, das ihn von allen anderen Arbeitshunden unterscheidet. Und sicherlich kann man diese Eigenschaft nicht jedem Hund antrainieren. Da es offensichtlich beim Labrador Retriever gut klappt, trägt dies sicherlich auch dazu bei, dass er zum klassischen Blindenführhund geworden ist.

Der Behindertenbegleithund

Ebenso wie die Blindenführhunde werden auch die Behindertenbegleithunde für ihre Arbeit speziell ausgebildet, um später gezielt eingesetzt zu werden. Die Hauptaufgabe der Behindertenbegleithunde ist es, Menschen mit körperlicher Behinderung zu helfen, damit diese den Alltag besser meistern können. Zu den Aufgaben gehören zum Beispiel das Bringen von verschiedenen Gegenständen, das Abheben des Telefons, das Öffnen und Schließen von Türen und Schränken, das Betätigen von Lichtschaltern und anderen Schaltern wie an der Fußgängerampel, das Tragen von Packtaschen, um bei kleinen Einkäufen zu helfen, und vieles mehr.

Für diese Aufgaben sind nur Hunde ab einer gewissen Größe geeignet, die außerdem weichmäulig sind, zuverlässig apportieren, ein ruhiges, sanftes Wesen besitzen, guten Gehorsam zeigen und eine enge Bindung zu ihren Menschen aufbauen. Somit ist auch wieder der Labrador Retriever eine der Hunderassen, die hervorragend dafür geeignet sind.

Die Ausbildung zum Behindertenbegleithund wird von verschiedenen Institutionen angeboten, wobei es zwei Möglichkeiten gibt: die Selbstausbildung, bei der ein Mensch mit körperlicher Behinderung seinen Hund selbst ausbilden kann, und die Fremdausbildung, die ähnlich abläuft wie bei der Ausbildung zum Blindenführhund, sodass ein geeigneter Hund ein Jahr bei einer Pflegefamilie darauf vorbereitet wird und anschließend ausgebildet und schließlich vermittelt wird.

Der Therapiebegleithund

Die Ausbildung und der Einsatz als Therapiebegleithund können von jedem Hundehalter, der daran Interesse zeigt, mit seinem eigenen Vierbeiner umgesetzt werden. Auch hierfür sind am besten Hunde mit Eigenschaften und Fähigkeiten geeignet, die der Labrador Retriever in sich vereint. Daher kommen viele Labi-Halter, die das typische Wesen Ihres Hundes so sehr schätzen und bereit sind, gleichzeitig auch eine sinnvolle Aufgabe ehrenamtlich zu übernehmen, früher oder später auf die Idee, zusammen mit ihrem Hund eine entsprechende Ausbildung zu absolvieren. Therapiebegleithunde können sehr vielseitig eingesetzt werden: in Altenheimen, Pflegeheimen, Krankenheimen oder Schulen, im Rahmen pädagogischer oder psychotherapeutischer Maßnahmen, bei kranken oder geistig behinderten Menschen, egal welchen Alters, und zwar immer in Form regelmäßiger Besuchsdienste.

Für die Ausbildung müssen sowohl Mensch als auch Hund gewisse Voraussetzungen erfüllen. Der Hund sollte sehr menschenbezogen, leichtführig und lernwillig sein. Er darf nicht hyperaktiv oder zu bellfreudig sein und sollte ein gutes Nervenkostüm besitzen. Der Mensch hat im Idealfall schon Erfahrungen in pädagogischen oder pflegerischen Tätigkeiten und muss vor allem eine enge Bindung zu seinem Hund haben und ihn gut und ruhig führen können.

Da es bei dieser äußerst sinnvollen Tätigkeit so viele verschiedene Möglichkeiten gibt, informieren Sie sich im Internet darüber, welche Arten von Kursen und Ausbildungen von zahlreichen Organisationen angeboten werden. Da ist bestimmt auch etwas für Sie und Ihren Labi dabei, wenn Sie einsamen, alten, kranken oder behinderten Menschen regelmäßig einige schöne Stunden bereiten und zur Verbesserung deren Lebensqualität beitragen möchten.

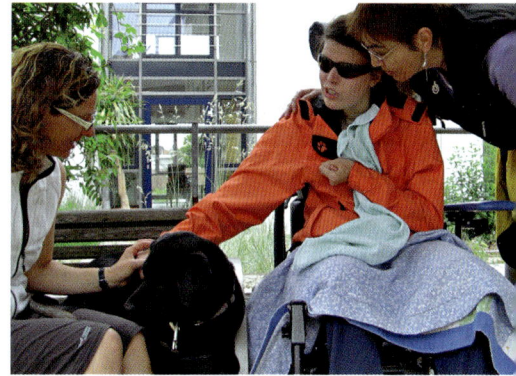

Als Therapiebegleithund ist der Labrador Retriever wegen seines ruhigen Wesens und seiner Menschenfreundlichkeit sehr gut geeignet.

Der Rettungshund

Die Ausbildung zu einem Rettungshund und vor allem der spätere Einsatz nach bestandener Prüfung ist kein Freizeitvergnügen, sondern eine ehrenamtliche Tätigkeit, die dem Mensch-Hund-Team vieles abverlangt – sowohl geistig als auch körperlich.

Auch als Rettungshunde werden Labrador Retriever aufgrund ihrer Trittsicherheit und Ruhe häufig eingesetzt.

Für die Rettungshundearbeit sind mittelgroße Hunde ideal geeignet, die mit einem Haarkleid ausgestattet sind, das sie zu jeder Jahreszeit vor Witterungseinflüssen schützt. Der Hund sollte eine gute Nasenleistung aufweisen, eine enge Beziehung zu seinem Führer haben, ausdauernd, ausgeglichen, charakterfest und lernwillig sein. Auch hier kommt man wieder zu dem Schluss, dass die meisten Labrador Retriever auch diesen Kriterien weitgehend entsprechen.

Wenn es nach abgeschlossener Ausbildung und regelmäßigem Training zu Notfalleinsätzen kommt, müssen sowohl Hund als auch Mensch eine gute körperliche Konstitution haben, trittsicher auf unwegsamem Gelände und kurzfristig abkömmlich sei. Nicht zu unterschätzen ist auch die psychische Belastung für den Hundeführer, wenn er zum Beispiel nach Erdbeben oder anderen Naturkatastrophen mit seinem Hund nach Überlebenden suchen soll und häufig mit dem Bergen von Todesopfern konfrontiert wird.

Rettungshundestaffeln gibt es bei vielen verschiedenen Organisationen wie Technisches Hilfswerk, Deutsches Rotes Kreuz, Johanniter, Malteser, Bergwacht und viele mehr. Die Ausbildung der ehrenamtlichen Mitglieder mit ihren eigenen Hunden erfolgt direkt durch diese Organisationen.

Die Einsatzmöglichkeiten sind sehr vielfältig. Bei der Flächensuche werden zum Beispiel vermisste Personen oder Unfall- sowie Verbrechensopfer in unübersichtlichem Gelände gesucht. Bei der Trümmersuche werden Menschen, die durch Erdbeben, Explosion, Flugzeugabsturz, Bergrutsch und Ähnlichem verschüttet wurden, aufgespürt. Bevor Sie sich ernsthaft für solch eine Aufgabe entscheiden, müssen Sie wissen, ob Ihr Hund und vor allem Sie selbst den Anforderungen gewachsen sind.

Ernährung

Bei der Ernährung des Hundes gibt es verschiedene Möglichkeiten der Fütterung. Welpen und Junghunde werden grundsätzlich anders gefüttert als erwachsene oder ältere Hunde. Aber für alle Fütterungsmethoden gilt ohne Ausnahme, dass das Futter eine ausgewogene Zusammensetzung haben muss, damit Ihr Vierbeiner gesund bleibt und keine Mangelerscheinungen bekommt oder – im Gegenteil – nicht unter einer Überdosierung der Mineralstoffe zu leiden hat, da dies auch Gesundheitsschäden hervorrufen kann.

Richtig füttern

Eine Möglichkeit für die Ernährung Ihres Labrador Retrievers ist die Verwendung von Fertigfutter, das in Form von Trockenfutter und als Dosenfutter angeboten wird. Wenn Sie gern für Ihren Labi kochen möchten, können Sie die täglichen Futterrationen natürlich auch selbst zusammenstellen. Falls Sie die Rohfütterung (BARF) für Ihren vierbeinigen Liebling favorisieren, weil Sie so natürlich wie möglich füttern möchten, können

Ein glänzendes Fell ist ein Zeichen für eine gesunde, ausgewogene Ernährung.

Sie diese Fütterungsmethode ebenso anwenden. Bei beiden Methoden sollten Sie sich aber zuvor genauestens darüber informieren, wie die Mahlzeiten für Ihren Labi richtig zusammengestellt werden, bevor Sie anfangen, ihm die verschiedensten Menüs zuzubereiten.

Worauf Sie bei den verschiedenen Fütterungsmethoden besonders achten sollten, wird im Folgenden zusammengefasst.

Fertigfutter

Industriell hergestelltes Fertigfutter gibt es in verschiedenen Varianten. Am häufigsten angeboten und auch am praktischsten zu verwenden ist das sogenannte Alleinfuttermittel, das von zahlreichen Herstellern in Zoofachgeschäften angeboten wird. Hierbei handelt es sich um ein pelletiertes Trockenfutter, in dem alle Nährstoffe (Fleisch, Cerealien, Gemüse, Vitamine, Mineralstoffe, Fette und Öle), die der Hund braucht, in der richtigen Menge enthalten sind. Dieses Futter gibt es in verschiedenen Zusammensetzungen abgestimmt für Welpen, Junghunde, erwachsene Hunde und als Seniorfutter sowie für Hunde, die durch Arbeitseinsatz oder Sport körperlich besonders gefordert werden. Dieses Futter kann trocken oder mit etwas Wasser vermischt angeboten werden.

Auf den Verpackungen des Futters ist immer angegeben, wie viel Futter pro Kilogramm Körpergewicht etwa benötigt werden. Da der Labrador Retriever ein sehr guter Futterverwerter ist, sollten Sie sich eher an den niedrigen Wert der Empfehlung halten. Grundsätzlich sollte – besonders während der Wachstumsphase – das Körpergewicht eines Labis regelmäßig kontrolliert werden, um entscheiden zu können, ob die Futtermenge eventuell verändert werden soll. Wird der Labi etwas pummelig, sollten Sie sofort die Futtermenge reduzieren. Werden die Rippen sichtbar, können Sie die Tagesration erhöhen.

Die Gabe von Leckerchen, Belohnungshappen und Kauartikeln muss bei der Berechnung der täglichen Futtermenge berücksichtigt werden, besonders bei einem Labrador Retriever, für den Fressen eine seiner Leidenschaften ist, um Übergewichtigkeit zu vermeiden.

Diese Art der Fütterung ist sehr bequem, denn man kann dieses Futter überallhin mitnehmen und hat es ohne lange Vorbereitungszeit immer griffbereit. Das ist im Urlaub oder auf Reisen ganz klar von Vorteil.

Zu den Fertigfuttermitteln gehören auch Gemüse-Getreide-Flocken, Reis und Hirse (aufgeschlossen und vorgegart). Diesen Getreideprodukten wird dann noch Fleisch – roh oder gekocht – oder Fleisch aus der Dose beigemischt, um eine Mahlzeit für den Vierbeiner zuzubereiten.

Bei dieser Art der Fütterung müssen noch Öle wie zum Beispiel Lachsöl, Maiskeimöl, Olivenöl, Nachtkerzenöl oder Sonnenblumenöl und eine Vitamin-Mineralstoff-Mischung in der richtigen Dosierung hinzugefügt werden, um eine ausgewogene Futterration zu erhalten.

Fressen ist eine Leidenschaft des Labrador Retrievers. Leben mehrere Hunde im Haushalt, muss natürlich jeder seine eigene Futterschüssel erhalten und lernen, dass er den anderen Rudelmitgliedern nichts wegnehmen darf.

Nicht zu vergessen sind natürlich Hundekuchen, Hundekekse, verschiedene Arten von Leckerchen und Belohnungshappen, Kauknochen sowie andere Kauartikel. Diese Produkte gehören auch alle zu den Futtermitteln und werden als Snack oder Belohnung zwischendurch, zur Beschäftigung (Kauknochen), zur Zahnpflege und -reinigung (Kauartikel aller Art) und natürlich als Bestätigung bei der Erziehung und Ausbildung verwendet.

Rohfütterung oder BARF

BARF ist eine Abkürzung für „**B**ones **a**nd **r**aw **f**ood" (Knochen und rohes Futter), damit gemeint ist aber auch die Bezeichnung „Biological appropriated raw food", was so viel bedeutet wie „biologisch artgerechte Rohfütterung".

Bei dieser Fütterungsmethode erhält der Hund das Fleisch immer roh, das Gemüse wird ebenfalls roh, aber fein püriert dazugegeben. Auf die Zugabe von Kohlenhydraten in Form von Getreide wird in der Regel verzichtet. Nur bei wenigen Ausnahmen, wie zum Beispiel bei tragenden und säugenden Hündinnen oder bei Welpen und Junghunden werden Kohlenhydrate meist in Form von Hirse oder Reis hinzugefügt.

Verschiedene Öle ebenso wie eine ausgewogene, dem Alter und Gewicht des zu fütternden Hundes angepasste Vitamin- und Mineralstoffmischung müssen immer hinzugefügt werden.

147

Bei der BARF-Fütterung stehen auch rohe Knochen auf dem Speiseplan, die aber meines Erachtens mit etwas Vorsicht in der Fütterung zu beachten sind. Nicht alle Hunde vertragen Knochen gleich gut. Manche Hunde bekommen Verstopfung nach dem Verzehr von Knochen oder wenn die Knochenmenge zu groß war. Auch kann mitunter ein zu großes Stück Knochen, das einfach hinuntergeschluckt wurde, zu nicht unerheblichen Magenbeschwerden oder auch zu Verletzungen der Magen- oder Darmwand und sogar zu Darmverschluss führen. Dagegen können knorpelige Knochenstücke, wie zum Beispiel Hühnerhälse oder Putenhälse, ohne Weiteres verfüttert werden.

> **!**
>
> **Wichtig!**
> Bei der Rohfütterung darf Schweinefleisch niemals verfüttert werden. Schweinefleisch kann den sogenannten Aujeszky-Virus enthalten, der bei Hunden die Pseudowut verursacht. Dies ist eine Erkrankung mit ähnlichen Symptomen wie bei der Tollwut, aber in keinem Fall ansteckend für den Menschen. Für unsere Vierbeiner endet diese Krankheit dagegen immer tödlich. Andere Fleischarten können problemlos roh gegeben werden.

Wenn Knochen verfüttert werden, sollten diese niemals gekocht gegeben werden. Die Gefahr des Absplitterns der Knochen beim Verzehr und die damit verbundene Verletzungsgefahr ist einfach zu groß. Falls Ihnen dieses Risiko zu groß erscheint (was sicher seine Berechtigung hat), können Sie auch auf im Handel erhältliches Knochenmehl zurückgreifen.

Im Buchhandel werden einige gute Bücher zum Thema Rohfütterung angeboten (siehe Literaturverzeichnis). Wenn Sie sich für diese Art von Fütterung entscheiden, ist die Anschaffung eines solchen Buches empfehlenswert.

Selbstgekochtes

Wenn Sie gern kochen, können Sie durchaus die Futterration für Ihr vierbeiniges Familienmitglied auch selbst herstellen. Sie können sämtliche Fleischsorten, auch Schweinefleisch, hierfür verwenden, da das Fleisch ja gegart wird und dadurch gefährliche Krankheitserreger abgetötet werden. Als Kohlenhydratlieferant können Gemüse-Getreideflocken, Reis, Hirse oder Nudeln (alles natürlich zuvor gekocht) zugegeben werden. Auch gekochtes Gemüse gehört zu dem Menü für Ihren Labi.

Ebenso wie bei der Rohfütterung muss diese Futterration auch mit verschiedenen Ölen (wechseln Sie die Art des Öls immer mal wieder ab) und einer dem Hund angepassten Vitamin- und Mineralstoffmischung angereichert werden. Mit Sauermilchprodukten wie Joghurt, Quark oder Hüttenkäse kann man die selbstgekochte Mahlzeit abrunden. Achten Sie bei der Verfütterung von Milchprodukten immer darauf, dass wirklich nur Sauermilchprodukte verwendet werden. Die Gabe von Milch ist ungeeignet, da erwachsene Hunde die in der Milch enthaltene Laktose nicht verdauen können und es dadurch in der Regel nach Genuss von Milch zu Durchfall kommt.

Selbstgekochte Rationen dürfen natürlich nicht gewürzt werden, da scharfe Gewürze der Hundegesundheit nicht förderlich sind, weil sie sich insbesondere auf Nieren und Leber schädlich auswirken können.

Trinkwasser

Ihr Labrador Retriever muss selbstverständlich immer frisches Trinkwasser zur freien Verfügung haben. Das heißt, der Wassernapf sollte immer wieder über den Tag verteilt mit frischem Wasser befüllt werden.

Auch bei längeren Autofahrten, Reisen oder beim Hundetraining ist es wichtig, dass Ihr Vierbeiner regelmäßig die Möglichkeit hat, seinen Durst zu stillen – und das nicht nur in den Sommermonaten. So werden Hunde zum Beispiel auch bei klirrender Kälte, bei der die Luft häufig sehr trocken ist, auch sehr durstig, wenn sie draußen unterwegs waren oder beim Training gefordert wurden.

Bei der Rohfütterung und beim Selbstgekochten muss immer die Vitamin- und Mineralstoffzugabe berechnet werden, damit auf Dauer keine Mangelerscheinungen entstehen. Diesen Service bieten auf Ernährung und Diätetik spezialisierte Tierärzte an. Eine Berechnung der richtigen Vitamin- und Mineralstoffzugabe bieten verschiedenen Institutionen oder Tierärzte an. Entsprechende Kontaktadressen finden Sie im Anhang.

Ernährung des Welpen

Welpen werden je nach Alter unterschiedlich oft gefüttert:
- Von der 8. bis zur 12. Woche erhält der Welpe vier Mahlzeiten am Tag.
- Vom 4. Monat an bis zum 6. Monat wird der Welpe dreimal täglich gefüttert.
- Wenn er sechs Monate alt ist, wird er noch zweimal am Tag gefüttert.

Ich persönlich füttere meine Welpen kombiniert, das heißt, sie bekommen zwei Mahlzeiten mit Welpentrockenfutter mit einem Rohproteingehalt von 27 % und einem Fettgehalt von 18 %. Das Welpenfutter wird immer mit etwas warmem Wasser eingeweicht.

Die dritte Mahlzeit besteht aus Fleisch (Rinderhack roh) und Gemüse-Getreideflocken oder Nudeln, wobei diese Futterration dann zur Hälfte aus Fleisch und zur Hälfte aus Kohlenhydraten bestehen soll.

Wenn für diese Mahlzeit zum Beispiel 120 g benötigt werden (das trifft für einen Welpen im Alter von neun bis zehn Wochen zu), werden 60 g **149**

Schon beim Züchter werden die Welpen an bestimmte Futtersorten gewöhnt. Lassen Sie sich beim Abholen beraten, wie Sie Ihren Welpen in den ersten Tagen am besten ernähren.

Fleisch und 60 g Gemüse-Getreideflocken oder Nudeln vermischt. Gemüse, verschiedene Öle (immer abwechselnd) und eine dem Alter und Gewicht der Welpen entsprechend berechnete Vitamin- und Mineralstoffzugabe runden das Ganze ab.

Die vierte Mahlzeit ist dann die „Milchmahlzeit" bestehend aus Joghurt, Quark oder Hüttenkäse angereichert mit Obst wie zum Beispiel Apfel oder Banane.

Mit dieser Art der Fütterung habe ich sehr gute Erfahrungen gemacht. Durch das abwechslungsreiche Futter lernen die Welpen sehr viel verschiedene Dinge kennen, sodass sie für jede Fütterungsmethode offen sind und bei Futterumstellungen in der Regel keinerlei Probleme haben.

Entsprechend Alter und Wachstum wird die Futtermenge wöchentlich angepasst. Die Gewichtszunahme eines Welpen beträgt bis zur 24. Lebenswoche etwa 1 Kilogramm pro Woche. Hündinnen wiegen in der Regel etwa 2 Kilogramm weniger, als sie in Wochen alt sind, das bedeutet, eine zehn Wochen alte Hündin wiegt ungefähr 8 Kilogramm.

Rüden wiegen dagegen meist 1 Kilogramm weniger oder genauso viel, wie sie in Wochen alt sind. Idealerweise wächst ein Welpe langsam und gleichmäßig.

Sinnvoll ist es, den Welpen und Junghund einmal wöchentlich zu wiegen und sich das aktuelle Gewicht zu notieren, damit man die Gewichtsentwicklung genau verfolgen kann.

Wenn der Junghund sechs Monate alt ist, wechsle ich um auf ein Trockenfutter, das nicht mehr ganz so energiereich ist wie das Welpenfutter (Rohprotein 24 %, Fett 13 %, Kalzium 1,3 % und Phosphor 0,8 %), damit das Körperwachstum nicht zu schnell erfolgt. Die Zusammensetzung der Fleischmahlzeit besteht dann zu zwei Dritteln aus Fleisch (Rinderhack roh oder nach dem Zahnwechsel auch das im Zoofachhandel gefroren und in gröberen Stücken angebotenen Fleisch verschiedener Sorten) und zu einem Drittel aus Gemüse-Getreideflocken oder anderen Kohlenhydraten. Gemüse, Öle und die Vitamin-Mineralstoffmischung werden wie bereits beschrieben ergänzt.

Da die Endgröße eines Hundes ohnehin genetisch festgelegt ist, kann man mit viel oder wenig Futter die spätere Größe des Tieres nicht beeinflussen. Durch die richtige Ernährung kann man aber die Geschwindigkeit des Wachstums beeinflussen. Je langsamer ein junger Labi heranwächst, umso geringer ist die Gefahr, dass Erkrankungen des Bewegungsapparates auftreten. Ein Welpe oder Junghund sollte auch auf keinen Fall übergewichtig sein, damit die noch weichen Gelenke nicht überbelastet werden, was wiederum auch das Auftreten von erblich bedingten Erkrankungen wie HD oder ED verstärken kann (siehe S. 170f.).

!

Beispiel für einen Futterplan für einen acht bis neun Wochen alten Welpen

Morgens: 90 g Welpenfutter in etwas warmem Wasser einweichen.
Mittags: 50 g Gemüseflocken und 50 g rohes Rinderhackfleisch vermischt, dazu ½ gestrichener Teelöffel Vitakalk-Pulver. 1 Teelöffel Lachsöl ist ebenfalls zur Gabe in dieser Mahlzeit zu empfehlen, es unterstützt die Entwicklung von Haut und Fell. Grünlippmuschel-Extrakt dient zur Unterstützung der Gelenkbildung, hiervon knapp ¼ Teelöffel pro Tag geben. Bei der Fleischmahlzeit können noch 4 Esslöffel Frühkarotten ergänzt werden.
Nachmittags: Ein Stück Banane oder einen Apfelschnitz geraspelt vermischt mit 2 bis 3 Esslöffel Hüttenkäse, Joghurt oder Magerquark.
Abends: 90 g Welpenfutter eingeweicht in etwas warmem Wasser.

Ernährung des erwachsenen Labis

Wenn Ihr Labrador Retriever ein Jahr alt ist, zählt er, was die Fütterung betrifft, zu den erwachsenen Hunden. Sie könnten jetzt auf eine einmalige Fütterung täglich übergehen, wenn Sie möchten. Ich persönlich halte aber die zweimalige Fütterung täglich für angebrachter. Die Futtermenge ist dann pro Mahlzeit kleiner und der Magen des Hundes ist nicht so voll und wird nicht so stark belastet.

Egal, ob Sie Ihren Welpen, erwachsenen oder alten Hund ernähren – bei der Gabe von Trockenfutter sollten weder Vitamine noch Mineralstoffe zugesetzt werden. Bei den selbsthergestellten Futterrationen oder beim BARF müssen die entsprechend berechneten Vitamin- und Mineralstoffzugaben ergänzt werden.

Sinnvoll ist die Fütterung morgens und abends. Sie können Ihren Labi hierbei auch wieder auf unterschiedliche Weise füttern.

Beide Mahlzeiten können aus einem guten Trockenfutter für erwachsene (adulte) Hunde mit einem Rohproteingehalt nicht höher als 24 % bestehen. Sie können aber auch die Morgenmahlzeit mit Trockenfutter und die Abendmahlzeit mit einer selbstgekochten Ration oder das Fleisch auch roh verfüttern.

Wenn Sie die Rohfütterung für Ihren vierbeinigen Freund bevorzugen, dann müssen natürlich beide Mahlzeiten entsprechend zubereitet werden.

Ernährung des Seniors

Beim älteren Hund ist die Fütterung ähnlich wie beim adulten Hund. Die Fütterungsintervalle bleiben gleich, also zweimal täglich wird gefüttert. Ab dem 8. Lebensjahr zählt aber auch Ihr Labi zu den Senioren, wenigstens bei der Fütterung. Möglicherweise hat er nicht mehr ganz so viel Bewegung wie in jungen Jahren, auch sein Organismus verwertet das Futter

Wenn der Labi älter wird, sollte man auch die Futterzusammensetzung seiner Konstitution anpassen.

anders und er ist etwas anfällig für Fettpölsterchen. So kann es notwendig sein, dass Sie die Fütterung seinen Bedürfnissen etwas anpassen müssen.

Im Handel werden Trockenfuttersorten für Seniorhunde angeboten. Sie haben einen geringeren Rohprotein- und Fettgehalt und auch die Vitamine, Mineralstoffe und Spurenelemente sind dem Alter des Hundes angepasst. Ist Ihr Labi aber noch so fit und arbeitsbegeistert wie in jungen Jahren, können Sie auf das Seniorfutter auch noch verzichten.

Auch beim Senior ist es Ihnen überlassen, ob Sie alle Mahlzeiten mit Trockenfutter anbieten oder eine Mahlzeit aus Trockenfutter und die andere aus Selbstzubereitetem besteht. Bei der konsequenten Rohfütterung werden auch beim alten Hund alle Mahlzeiten nach dem BARF-Prinzip zubereitet.

Ist Ihr vierbeiniges Familienmitglied schon sehr alt, ist es auch zu empfehlen, die tägliche Futtermenge wieder auf drei Mahlzeiten zu verteilen, damit der Magen etwas entlastet wird.

Auf was noch zu achten ist

Hat Ihr Labrador Retriever – egal ob jung oder alt – mal keinen Hunger, was eigentlich sehr selten vorkommt, und rührt sein Futter nicht an oder lässt etwas übrig, lassen Sie den gefüllten Napf höchstens fünfzehn Minuten auf dem Boden stehen. Wenn er es bis dahin nicht leergefressen ist, nehmen Sie den Napf einfach weg. Für diese Mahlzeit gibt es dann eben nichts mehr. In der Regel wird Ihr Hund dann die nächste Mahlzeit in keinem Fall versäumen. Sollte es aber immer wieder vorkommen, dass Ihr Vierbeiner sein Futter ohne ersichtlichen Grund verweigert, wäre ein Besuch beim Tierarzt angebracht, um eine eventuelle gesundheitliche Störung auszuschließen.

Bei Rüden kann es vorkommen, dass es sich auf ihren Appetit auswirkt, wenn zum Beispiel in der Nachbarschaft eine läufige Hündin wohnt oder die Lieblingsspielkameradin gerade in Hitze ist. Vor lauter „Liebeskummer" schmeckt dann das beste Futter nicht mehr. Diese Erscheinung verschwindet aber wieder, sobald die Läufigkeit der Hündinnen vorüber ist.

Sollte Ihr Labi beim täglichen Spaziergang öfter mal Gras fressen, ist dies kein Grund zur Beunruhigung. Manchen Hunden schmeckt vor allem im Frühjahr das frische Gras sehr gut. Man sollte aber in jedem Fall darauf achten, dass er nicht an Rändern von frisch gespritzten Feldern Gras frisst, denn das Aufnehmen von Spritzmitteln kann zu einer Vergiftung führen. Manche Hunde fangen auch an Gras zu fressen, wenn sie zuvor etwas zu sich genommen haben, was eigentlich nicht in einen Hundemagen hineingehört. Das gefressene Gras wickelt sich dann im Magen um die unverträgliche „Speise" und so kann es vom Hund dann besser wieder ausgeschieden werden, entweder durch Erbrechen oder auf natürlichem Wege über den Darm.

153

Pflege und Gesundheitsvorsorge

Damit Ihr Labrador Retriever möglichst lange gesund und fit bleibt, sollten Sie nicht nur auf eine optimale Fütterung und ausreichend Bewegung und Beschäftigung achten, sondern auch auf eine regelmäßige Körperpflege und die richtige Gesundheitsvorsorge.

Fellpflege

Da der Labrador Retriever ein kurzes Fell hat, ist seine Fellpflege recht unproblematisch. Im Gegensatz zu den langhaarigen Retrieverrassen braucht sein Fell nicht getrimmt zu werden. Um seine schöne Otterrute hervorzuheben, wird lediglich am Rutenende die Spitze rund geschnitten.

Ein Labi verliert zwar das ganze Jahr über mehr oder weniger Haare, aber ein regelmäßiges wöchentliches Bürsten mit einer feinzinkigen Drahtbürste reicht für die Fellpflege dann völlig aus. Nur während des Fellwechsels, der zweimal im Jahr über drei bis vier Wochen stattfindet, empfiehlt es sich, ihn täglich zu bürsten. Die Unterwolle des Labrador Retrievers ist sehr dicht. Da löst sich während des Fellwechsels einiges an Haaren beim täglichen Bürsten.

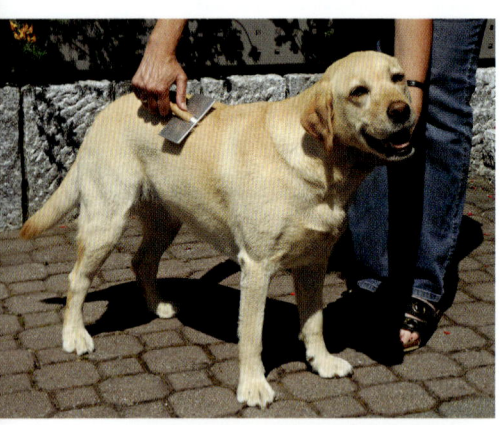

Während des Fellwechsels sollte ein Labi täglich gebürstet werden, um die abgestorbenen Haare zu entfernen.

Wenn die Temperaturen allmählich ansteigen und es im späten Frühjahr wieder länger hell ist, passt sich auch die Fellbeschaffenheit Ihres Labis den veränderten Umweltbedingungen an, ebenso im Herbst, wenn es wieder kälter und früher dunkel wird.

Hündinnen haaren oft vor der Läufigkeit oder nach der Läufigkeit ab. Ebenso verliert eine Hündin nach dem Beenden der Säugezeit extrem viele Haare. Dieser Haarverlust hängt mit der hormonellen Umstellung nach Schwangerschaft, Geburt und Säugezeit zusammen.

Sollte Ihr Labi außerhalb dieser beschriebenen Gegebenheiten übermäßig Haare verlieren, sein Fell stumpf und schuppig sein, wäre es ratsam, die Art der Futterzusammensetzung kritisch zu betrachten und vor allen Dingen den Gehalt an Vitaminen, Mineralstoffen und Spurenelementen zu überprüfen. Besonders zu erwähnen sind in diesem Zusammenhang die Vitamine der B-Gruppe und Biotin. Auch die mehrfach ungesättigten Fettsäuren, die zum Beispiel im Lachsöl enthalten sind, tragen zur Unterstützung der Fellqualität bei.

Normalerweise ist das gesunde Fell eines schwarzen Labrador Retrievers tiefschwarz und glänzt wie Lack. Das Fell des braunen Labis hat ebenfalls einen starken Glanz. Beim gelben Labrador Retriever ist dagegen der Fellglanz für das menschliche Auge nicht ganz so auffallend.

Körperpflege

In der Regel ist das regelmäßige Bürsten Ihres Labis für die Körperpflege ausreichend. Es sei denn, Ihr vierbeiniger Liebling hat sich beim Spaziergang in Kuhfladen, in einem Kadaver oder Ähnlichem gewälzt – wovon auch ein sonst sehr gut erzogener Labi nicht immer abzuhalten ist.

Baden

Sollte Ihr Labi also erbärmlich stinken oder sich ein ungewöhnliches Muster im Fell zugelegt haben, ist dann doch einmal ein Schaumbad mit Hundeshampoo notwendig. Allerdings sollte diese Art des Badens nicht zu häufig durchgeführt werden, da es die Haut austrocknen und den Säuremantel der Haut ungünstig beeinflussen kann.

Wenn Ihr Hund in einem Gewässer gebadet hat, das vielleicht nicht ganz so sauber war, reicht es normalerweise aus, wenn Sie ihn zu Hause einfach nur mit klarem Wasser abduschen. Ebenfalls nach einem Bad im Meer ist es von Vorteil, wenn das Salz mit klarem Wasser aus seinem Fell herausgespült wird.

Nach dem Baden oder Abduschen wird er mit einem Frottierhandtuch kräftig abgerubbelt. Mehr Maßnahmen sind nicht erforderlich, da das Fell des Labrador Retrievers recht schnell trocknet.

Augen

An den Augen sieht man, ob es einem Hund gut geht und ob er sich gesund fühlt. Die Augen sollten klar und glänzend sein und nicht tränen. Vor allen Dingen sollten die Augen nicht gerötet sein und kein grün-gelbliches Sekret absondern. Ist dies der Fall, sollten Sie auf jeden

Bei einem gesunden Labrador Retriever sind die Augen klar und glänzend.

155

Fall den Tierarzt konsultieren. Möglicherweise hat Ihr Labi eine Bindehautentzündung, verursacht durch Bakterien oder auch Schnupfenviren, oder Fremdkörper wie zum Beispiel Grassamen oder eine Getreidegranne im Auge.

Entzündlich gerötete Augen mit eitriger Sekretabsonderung, einseitig oder beidseitig, können auch ein Hinweis auf eine Entzündung des dritten Augenlides, der sogenannten Nickhaut sein. Unter dem dritten Augenlid bilden sich dann sehr viele kleine, rote Knötchen (Lymphfollikel), die anschwellen und dadurch an der Hornhaut des Auges stark reiben, sodass eine Entzündung entsteht, die ohne Behandlung zur Schädigung der Augenhornhaut führen kann. Treten diese Symptome auf, bedarf es unbedingt der gezielten Behandlung durch den Tierarzt.

Wussten Sie's?
Das dritte Augenlid, die Nickhaut, ist eine Besonderheit des HundeAuges. Es soll den Eintritt von Krankheitskeimen und Fremdkörpern ins Auge erschweren oder verhindern. Die Nickhaut schützt das Auge auch vor Verletzungen, denn sie verschließt das Auge nochmals besonders gut, wenn der Hund zum Beispiel bei der jagdlichen Arbeit durch dichtes Dornengestrüpp gehen muss. Die Nickhaut besteht aus einem mit Bindegewebe überzogenen Knorpel. Das menschliche Auge besitzt im Gegensatz zum Auge des Hundes keine Nickhaut.

Manchmal sondert sich etwas klare Tränenflüssigkeit ab, dieses ist die normale Reaktion des Auges auf Wind, Kälte, sehr staubhaltige, trockene Luft im Sommer, vermehrtes Auftreten von Blütenpollen im Frühjahr oder sehr trockene Heizungsluft im Haus. Hierbei hat sich eine Behandlung mit homöopathischen Augentropfen (zum Beispiel Euphrasia-Augentropfen), oder mit Augentropfen, die als „künstliche Tränen" bezeichnet werden (erhältlich in der Apotheke) bewährt.

Augen sollten grundsätzlich niemals mit Kamillentee oder Borlösung, wie es häufig beim Menschen empfohlen wird, behandelt werden! Das Reinigen oder Auswischen der Augen erfolgt ausschließlich mit einem fusselfreien Läppchen oder einem Wattebausch, der mit lauwarmem Wasser leicht getränkt wird.

Ohren

Die Ohren des Labrador Retrievers liegen eng am Kopf an. Dadurch kann die Luft nicht so gut zirkulieren wie zum Beispiel bei Hunderassen mit Stehohren. Dieser Sachverhalt kann dazu führen, dass die Entstehung von Ohrenentzündungen begünstigt wird. Auch häufiges Schwimmen und Tauchen – was ja zu den Leidenschaften des Labis gehört – kann durchaus

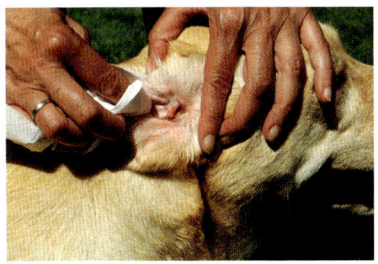

Die Ohren sollten einmal wöchentlich und immer nach dem Schwimmen mit einem weichen, sauberen Zellstofftuch gereinigt werden.

dazu führen, dass sich die Ohren entzünden, wenn das eingedrungene Wasser im Ohr verbleibt. Auch Milbenbefall in den Ohren kann Ihren Hund vor lauter Juckreiz manchmal schier zur Verzweiflung bringen.

Zur Vorbeugung sollte man einmal wöchentlich den äußeren Gehörgang mit einem Zellstofftuch reinigen. Wegen der Verletzungsgefahr bitte niemals mit einem Wattestäbchen in das Innere des Ohres gehen!

Falls sich Ihr Hund trotz aller vorbeugender Maßnahmen auffallend oft mit den Pfoten in den Ohren kratzt oder häufig den Kopf hin- und herschüttelt, ist auch in diesem Fall ein Besuch beim Tierarzt angebracht, um einen Blick in das Innere des Ohres werfen zu lassen und um eine mögliche tiefer gehende Entzündung auszuschließen. Denn juckende und entzündete Gehörgänge, auch die äußeren, können das Allgemeinbefinden Ihres Labi sehr stark beeinträchtigen.

Gegen die Entzündungen des äußeren Gehörganges oder den lästigen Milbenbefall gibt es juckreiz- und schmerzstillende Tropfen und Emulsionen, die der Tierarzt nach erfolgter Untersuchung verordnen kann. Danach geht es Ihrem Vierbeiner wieder recht schnell besser.

> Nach dem Schwimmen sollten Sie auf jeden Fall die Ohren Ihres Labis mit einem sauberen Tuch trockentupfen.

Pfoten

Den Pfoten muss man besonders im Winter mehr Beachtung schenken. Wenn Sie mit Ihrem Labi in der Stadt unterwegs sind, können der feine Split und das Streusalz den Pfotenballen und den etwas empfindlicheren Zehenzwischenräumen schon arg zusetzen. Zum Schutz können Sie die Pfotenballen vorbeugend mit etwas Melkfett eincremen. Das ersetzt aber nicht das Waschen der Pfoten mit lauwarmem Wasser, wenn man wieder zu Hause ist. Nachdem die Pfoten abgewaschen wurden, müssen sie natürlich, inklusive der Zehenzwischenräume, gut abgetrocknet werden. Das Eincremen der Pfoten sollte auf keinen Fall zu häufig erfolgen, damit die Pfotenhaut nicht anfängt aufzuweichen.

Aber auch im Sommer, wenn die Herbstgrasmilben wieder aktiv sind, brauchen die Pfoten Ihres Vierbeiners etwas Pflege. Diese Zeit beginnt meist mit dem Abernten der Getreidefelder, wenn unser Labi gern mal übers Stoppelfeld rennt. Ein Befall durch Herbstgrasmilben erkennt man

157

daran, dass der Hund anfängt, an den Pfoten und in den Zehenzwischen-räumen zu knabbern, weil ihn die Haut dort ganz fürchterlich juckt. Um diesem Problem Abhilfe zu schaffen, kann man nach dem Spaziergang oder Training die Pfoten mit einer milden Obstessig-Wasser-Lösung abwa-schen. Das entfernt die lästigen Plagegeister und lindert den Juckreiz.

Grundsätzlich sollte man täglich die Pfoten seines Vierbeiners auf eventuelle Schnittverletzungen, eingetretene Dornen oder Verletzungen in den Zehenzwischenräumen kontrollieren.

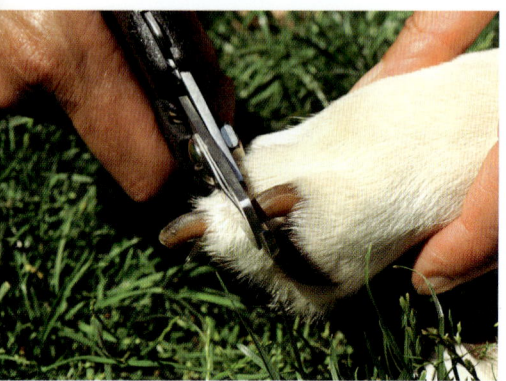

Wenn die Krallen nicht auf natürliche Weise abnutzen, muss man sie regelmäßig mit einer speziellen Krallenzange kürzen.

Krallenschneiden

Die Krallen müssen auch regelmäßig kontrolliert werden. Läuft Ihr Labi zum Beispiel fast nur auf Grasboden und weniger auf rauem Untergrund, können die Krallen sich nicht natür-lich abnützen und werden zu lang. Durch zu lange Krallen kann es pas-sieren, dass Ihr Labi beim Auftreten die Pfoten falsch belastet, weil die zu langen Krallen ihm Schmerzen verursachen. Es kann zu Spreizzehen kommen oder auch zu Ballenabszes-sen. Im schlimmsten Fall kann es auch zu krankhaften Veränderun-gen der Gelenke führen. Wenn die Krallen also zu lang sind, muss man

> **! Wichtig!**
> Wenn die Krallen geschnitten werden müssen, achten Sie bitte sehr genau darauf, dass Sie diese nicht zu kurz abschneiden und dadurch das Blutgefäß in der Kralle verletzen. Denn dies führt zu einer relativ starken Blutung und ist für den Hund sehr schmerzhaft. Nach einer solch negativen Erfahrung beim Krallenschneiden wird sich Ihr Labi dann in Zukunft auch sicher nicht mehr ohne Weiteres die Krallen schneiden lassen.
> Bei hellen Krallen sieht man gut das Blutgefäß und kann mit sicherem Abstand dazu ein Stück der Kralle entfernen. Bei schwarzen Krallen kann man das Blutgefäß leider nicht erkennen, sodass man sich am besten langsam an die richtige Krallenlänge heranarbeitet und lieber ein Stückchen mehr stehen lässt, als zu viel abzuschneiden. Falls Sie unsicher sind, lassen Sie sich von Ihrem Tierarzt zeigen, wie das Krallenschneiden richtig erfolgt.

sie unbedingt etwas kürzen. Hierfür gibt es im Fachhandel spezielle Krallenzangen.

Bei den Daumenkrallen an den Vorderläufen muss man besonders darauf achten, dass sie nicht einwachsen, wenn sie zu lang werden, und dadurch auch Schmerzen verursachen können. Ebenso können zu lange Daumenkrallen auch splittern, was zu einer Entzündung der Krallenwurzel führen kann, wenn Keime in die offene Kralle eindringen.

Analdrüsen

Die Analdrüsen befinden sich rechts und links des Afters unter der Haut. Es sind zwei kleine, beutelförmige Drüsen, die ein Sekret beinhalten. Wenn der Hund Kot absetzt, entleeren sich normalerweise diese Drüsen. Das Sekret dieser Drüsen dient zur Geruchsidentifikation der Hunde untereinander und zur Reviermarkierung.

Durch nicht richtige Entleerung der Drüsen kann das angestaute Sekret austrocknen und dadurch eine Entzündung verursachen.

Wenn Ihr Labrador Retriever mit seinem Hinterteil über den Boden rutscht (man nennt das auch „Schlittenfahren"), sich öfter im Analbereich leckt oder beißt oder Schwierigkeiten beim Kotabsetzen hat, kann die Ursache nicht richtig entleerte und entzündete Analdrüsen sein.

In diesem Fall muss dann auch wieder der Tierarzt eingreifen, indem er die Analdrüsenbeutel manuell entleert. Bei einer starken Entzündung oder sogar einem Abszess muss der betroffene Analdrüsenbeutel gespült und eine Antibiotikabehandlung durchgeführt werden.

Da unter dieser Erkrankung nicht selten übergewichtige Hunde leiden, hilft häufig schon eine Gewichtsreduzierung und eine Ernährung, die rohfaserreicher ist, um die Entleerung der Analdrüsen zu fördern.

Gebiss und Zahnpflege

Ein ganz wichtiger Bestandteil der Gesundheitsvorsorge ist die regelmäßige Kontrolle der Zähne und des Zahnfleisches. Denn genau wie beim Menschen können kranke Zähne auch beim Hund für schwerwiegende Allgemeinerkrankungen verantwortlich sein.

Sie sollten Ihren Welpen oder Junghund schon so früh wie möglich an das Zähneputzen gewöhnen. Im Zoofachhandel werden Zahncremes für Hunde mit entsprechendem Geschmack angeboten. Ebenso sind „Zahnbürsten" erhältlich, die Sie mit Hundezahncreme bestückt über Ihren Finger stülpen und damit die Zähne Ihres Labis reinigen können.

Zur Vermeidung von Zahnbelägen reicht es aber meistens aus, wenn Ihr Hund ausreichend und regelmäßig die Möglichkeit hat, Büffelhautknochen oder Hundebiskuits zu nagen.

159

Damit keine Zahnwurzel- und Zahnfleischentzündungen oder sogar Parodontose entstehen, ist es dringend notwendig, den Zahnstein, sofern sich welcher gebildet hat, vom Tierarzt entfernen zu lassen.

Zahnentwicklung

Seine ersten Zähne bekommt der Labrador Retriever zwischen der 3. und 6. Lebenswoche. Das sogenannte Milchgebiss umfasst 28 Zähne. Ab dem 4. Lebensmonat beginnt meistens der Zahnwechsel zum bleibenden Gebiss. Bei den meisten Junghunden fallen die Schneidezähne zuerst aus, gefolgt von den Eckzähnen und den kleinen Backenzähnen. Mit dem 7. Lebensmonat brechen noch die großen Backenzähne durch. Damit ist dann der Zahnwechsel abgeschlossen und der Labi hat das Gebiss eines

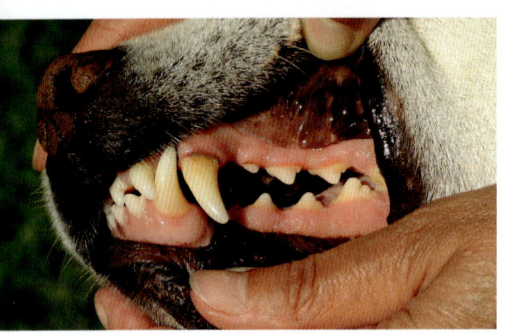

So sieht ein vollständiges Gebiss aus.

erwachsenen Hundes, das 42 Zähne umfasst. Während der Zeit des Zahnwechsels ist es wichtig, dass man von Zeit zu Zeit die Zähne kontrolliert, damit eventuelle Milchzähne bemerkt werden, die nicht von selbst ausgehen und so den Platz für die neuen Zähne versperren würden. In diesem Fall müssen diese persistierenden Milchzähne vom Tierarzt entfernt werden, damit sie nicht die Entwicklung des Erwachsenengebisses stören.

Gebissfehler

Für den Labrador Retriever, wie auch für die anderen Retriever-Rassen, schreibt der Standard ein vollständiges **Scherengebiss** vor, das heißt, die Zähne des Oberkiefers ragen knapp über die Zähne des Unterkiefers, eben wie bei einer Schere.

Ein Vorbiss oder ein Rückbiss ebenso wie ein Zangengebiss sind zuchtausschließende Fehler.

- Beim **Vorbiss** ist der Unterkiefer länger als der Oberkiefer. Dieser Fehler verursacht aber in der Regel keine Probleme. Bei einigen anderen Hunderassen, wie zum Beispiel beim English Bulldog, wird diese Kieferstellung als normal betrachtet.
- Beim **Rückbiss** ist der Unterkiefer kürzer als der Oberkiefer. Wenn diese Fehlstellung sehr ausgeprägt ist, können Probleme beim Zerkleinern des Futters entstehen. Aber normalerweise kommt der Hund mit diesem Defekt gut zurecht.
- Beim **Zangengebiss** stehen die Zähne aufeinander wie bei einer Beißzange.

Beim Labrador Retriever kommt es auch immer wieder vor, dass das Gebiss nicht vollständig ist und ein oder mehrere Zähne fehlen, was aber nicht besonders dramatisch ist, es sei denn, dass mehrere große Backenzähne auf der gleichen Kieferseite fehlen. Das kann nämlich dazu führen, dass die betroffenen Hunde zu einer stärkeren Zahnsteinbildung neigen als Hunde mit einem kompletten Gebiss. Bei Hündinnen besteht außerdem die Gefahr, dass sie bei der Geburt nicht mehr in der Lage sind, die Nabelschnur ihrer Welpen zu durchtrennen.

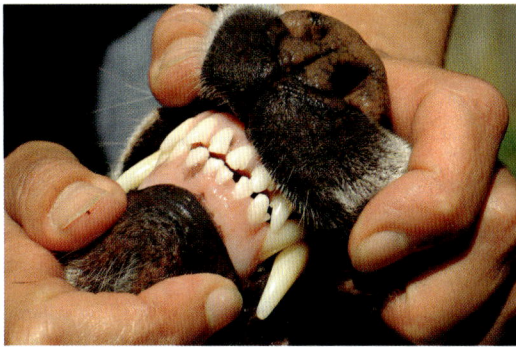

Beim Scherengebiss, wie der Standard es vorschreibt, ragen die Zähne des Oberkiefers knapp über die Zähne des Unterkiefers.

Schutz vor Ektoparasiten

Auch der gepflegteste Hund ist nicht davor gefeit, von lästigen Schmarotzern befallen zu werden. Hierzu gehören vor allem Flöhe und Zecken. Sie sind nicht nur lästig und unangenehm, sondern können auch gefährliche Krankheiten oder Würmer übertragen. Der Labrador Retriever besitzt zwar ein relativ kurzes Fell, sodass die Plagegeister nicht in einem dichten, langen Haarkleid unentdeckt bleiben. Dennoch können sie sich in der dichten Unterwolle einnisten und sind dann vor allem bei den Labis mit dunklem Fell nur schwer zu erkennen. Daher ist eine besonders gründliche Kontrolle möglichst nach jedem Spaziergang sinnvoll.

Um einem Befall vorzubeugen, empfiehlt sich der Einsatz von sogenannten Spot-on-Präparaten, die als Flüssigkeit im Bereich des Nackens und der Schwanzwurzel direkt auf die Haut aufgebracht werden und etwa vier bis sechs Wochen vor Zecken und Flöhen schützen. Weniger guten Erfolg erzielen die üblichen Zecken- und Flohhalsbänder. Auch wenn sie häufig wasserresistent sind, sollten sie dennoch bei Ihrem Labi wie das normale Halsband auch vor dem Schwimmen abgenommen werden, damit Ihr Vierbeiner nicht damit irgendwo hängen bleiben kann. Alle anderen „Hausmittelchen" gegen die Ektoparasiten sind mehr oder weniger wirkungslos und lohnen nicht den Aufwand, wenn Sie Ihren Labrador Retriever vor den Plagegeistern schützen wollen.

Flöhe

Flöhe werden bei Hunden häufig erst entdeckt, wenn schon ein starker Befall vorliegt. In der Regel halten sich die Tiere nur kurz im Fell auf, um

Blut zu saugen und ihre Eier abzulegen, und lassen sich später an für sie kuscheligen Plätzen wie Teppich, Bett, Sofa, Hundekorb oder Autositzen nieder. Flöhe oder deren Larven können Sie mit einem feinzinkigen Kamm, mit dem Sie Ihren Labi sorgfältig abkämmen, nachweisen. Wenn Sie dunkle Krümel im Fell finden, die sich auf einem feuchten Küchenkrepp zu roten Flecken verreiben lassen, handelt es sich um Flohkot.

Bei Flohbefall hilft nur die Abtötung der lebenden Flöhe sowie der Eier und Laven durch wiederholten Einsatz von Präparaten (beim Tierarzt erhältlich), die Vermeidung des Kontakts zu mit Flöhen befallen Tieren (das kann die Nachbarskatze, aber auch ein Eichhörnchen oder Igel sein), das gründliche Absaugen der ganzen Wohnung und gegebenenfalls der Autositze, wobei der Staubsaugerbeutel relativ häufig gewechselt werden muss, und nicht zuletzt das gründliche Waschen oder Entsorgen der befallen Textilien. Nach einem Flohbefall sollte Ihr Labi entwurmt werden, da Flöhe häufig Bandwürmer übertragen.

Zecken

Zecken gehören zu den Spinnentieren und besitzen wie diese vier Beinpaare. Auch sie sind Blutsauger, die zum Überleben eine regelmäßige Blutmahlzeit benötigen. Zecken können bis zu einem Meter an Gräsern oder Gehölzen hochklettern. Nähert sich sein potenzielles Opfer, lassen sie sich auf dieses fallen oder streifen sich an dessen Fell ab.

Beliebte Stellen zum Blutsaugen sind beim Hund weichhäutige Körperpartien, vor allem Schenkel- und Ellenbogenfalte, Ohrränder, Schnauze oder Zwischenzehenbereich.

Zecken sind nicht das ganze Jahr über gleichermaßen aktiv. Bei uns gibt es zwei Hauptaktivitätsphasen im Frühjahr und Herbst, vor allem von April bis Juni und im September und Oktober.

Auch wenn gelegentlich Hautreizungen durch den Stich der Zecke oder einen nach unsachgemäßer Entfernung stecken gebliebenen Zeckenkopf auftreten können, besteht die Hauptgefahr der Zecken in der möglichen Übertragung von Krankheitserregern (Borreliose, Babesiose, Anaplasmose, Ehrlichiose, FSME = Frühsommermeningoenzephalitis).

Einige dieser Erkrankungen waren früher exotische Reiseerkrankungen, die nach Auslandsreisen oder Einfuhr von Hunden aus Südost-

Besonders in den Sommermonaten warten in der Vegetation viele Plagegeister. Daher sollte der Hund nach einem Spaziergang in der Natur immer nach Zecken und anderen Ektoparasiten untersucht werden.

europa oder dem Mittelmeerraum nach Deutschland eingeschleppt wurden. Mit dem Heimischwerden der Überträgerzecken in Mitteleuropa besteht nunmehr aber zunehmend auch die Gefahr einer Erkrankung ohne vorherigen Auslandsaufenthalt.

Daher ist eine wirksame Vorbeugung, wie schon erwähnt, recht sinnvoll. Sollten Sie doch eine Zecke auf Ihrem Labi entdecken, muss diese so schnell und vor allem sachgemäß entfernt werden. Denn je länger eine Zecke an der Haut festgesaugt ist, desto größer ist das Risiko, dass Krankheitserreger übertragen werden. Auch sollte die Zecke beim Entfernen nicht zerquetscht werden, weil dadurch möglich Krankheitserreger in das Blut des Wirts hineingedrückt werden. Ideal zum Entfernen ist eine Zeckenzange oder eine Pinzette, mit der die Zecke möglichst nah an der Haut erfasst wird. Durch leichtes Hin- und Herbewegen wird der in den oberen Hautschichten verankerte Zeckenkopf vorsichtig herausgelöst und dadurch die Zecke entfernt.

Sollte Ihr Labi noch von anderen Ektoparasiten wie zum Beispiel Läusen oder Haarlingen – was bei Hunden relativ selten vorkommt – oder verschiedenen Milben-Arten befallen sein und/oder unerklärlich Hautirritationen oder Haarausfall haben, suchen Sie auf alle Fälle einen Tierarzt auf, um die Ursache festzustellen und eine Empfehlung für die richtige Behandlung zu erhalten.

Schutz vor Endoparasiten

Endoparasiten treten im Körperinnern auf und können verschiedene Organe des Hundes befallen und im schlimmsten Fall zu ernsten Krankheiten führen. Am bekanntesten sind die verschiedenen Würmer wie Bandwürmer, Spulwürmer und Hakenwürmer. Aber auch Einzeller wie Giardien oder Kokzidien gehören zu den Endoparasiten.

Wurmbefall

Schon Welpen können durch die Muttermilch Spulwürmer aufnehmen, die im Mutterleib vorhanden sind. Da dies sehr häufig vorkommt, entwurmt der Züchter seine Welpen in der Regel ab der 2. Lebenswoche und dann 14-tägig. Er wird Sie beim Abholen Ihres kleinen Labis sicherlich darauf hinweisen. Ab jetzt reicht es aus, wenn Sie Ihren Vierbeiner alle Vierteljahre entwurmen. Dabei sollten immer wieder unterschiedliche Mittel eingesetzt werden, die nicht nur gegen Rundwürmer, zu denen die Spulwürmer zählen, sondern auch gegen Bandwürmer wirken. Von den Bandwurmarten ist der häufig vorkommende Kleine Fuchsbandwurm nicht nur für Hunde, sondern vor allem für uns Menschen recht gefährlich. Er wird durch Eier übertragen, die der Fuchs mit dem Kot abgibt. Diese Eier können sich an Wildfrüchten, Pilzen und anderen Pflanzen anheften und **163**

Das Trinken aus Pfützen sollte vermieden werden, da sich der Hund dadurch mit schädlichen Einzellern oder anderen Krankheitserregern infizieren kann.

somit schnell aufgenommen werden. Manche Tierärzte empfehlen für jagdlich geführte Hunde und solche, die häufig Kot oder Aas im Freien aufnehmen (was vielen Labis leider nur sehr schwer abzugewöhnen ist), sogar noch eine häufigere Entwurmung. Sinnvoll ist eine Entwurmung vor allem ein bis zwei Wochen vor der jährlichen Impfung, damit deren Wirkung nicht durch einen möglichen Wurmbefall geschwächt wird.

Leider kann man einen Hund nicht durch eine Impfung vor einem Wurmbefall schützen. Auch eine Entwurmung schützt nicht profilaktisch, sondern tötet nur vorhandene Würmer ab.

Wenn Sie nicht unnötig mit der chemischen Keule gegen Würmer kämpfen wollen, sondern genau wissen möchten, ob bei Ihrem Labi ein Wurmbefall vorliegt und somit eine Entwurmung notwendig ist, können Sie auch zunächst eine Kotprobe beim Tierarzt untersuchen lassen. (Wenn Sie selbst bei augenscheinlicher Betrachtung keine Würmer im Kot Ihres Labis entdecken können, heißt das nicht, dass er keine Würmer hat.) Wenn kein Wurmbefall vorliegt, ist auch keine Entwurmung notwendig.

Einzeller

Giardien und Kokzidien sind einzellige Parasiten, die bei Hunden in der Regel einen durch eine Entzündung im Darm hervorgerufenen Durchfall verursachen. Vor allem Junghunde und solche mit geschwächtem Immunsystem sind hierbei gefährdet. Ob ein Befall mit Einzellern vorliegt, kann nur durch einen Test beim Tierarzt nachgewiesen werden. Sollte aber regelmäßig Durchfall aus unerklärlichen Gründen auftreten, beziehen Sie einen Befall mit Parasiten durchaus als mögliche Ursache mit ein. Denn die häufige Behauptung, Giardien kämen beispielsweise nur bei Hunden aus südlichen Ländern vor, stimmt nicht. Auch bei Hunden, die noch nie im Ausland waren, können diese Einzeller durchaus auftreten und zu chronischen Beschwerden führen.

Impfen – ja oder nein

In letzter Zeit hat die Frage, ob es sinnvoll ist, seinen Hund zu impfen, immer wieder Diskussionen ausgelöst, da teilweise die Meinung besteht, dass die Impfung unnötig und sogar gesundheitsschädlich sein kann. Grundsätzlich ist aber ein gewisser Impfschutz gerade bei einem so aktiven Hund wie dem Labrador Retriever, der viel mit Argenossen zusammenkommt, mit dem in der Regel viel unternommen wird – sei es jagdlich oder eher sportlich – und der sich ohnehin gern in der freien Natur bewegt und in jedes Gewässer geht, auf alle Fälle erforderlich.

Besonders junge Hunde sind aufgrund ihres noch nicht vollständig ausgereiften Immunsystems besonders anfällig für Infektionserkrankungen. Zwar werden Welpen in den ersten Lebensstunden über die Muttermilch mit natürlichen Schutzstoffen versorgt, sie besitzen aber nur eine zeitlich begrenzte Wirkdauer. Zwischen der 6. und 10. Lebenswoche kommt es zu einem starken Abfall der Schutzwirkung. Bis zu einem durch

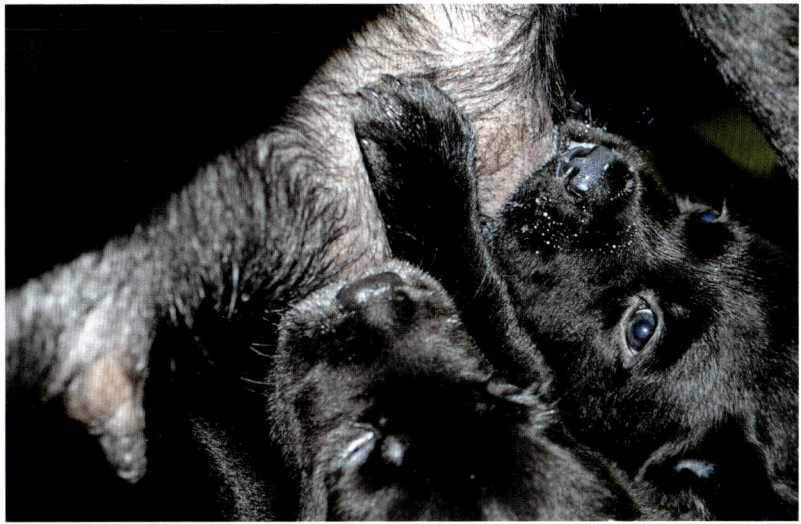

Auch wenn Welpen anfangs durch die Wirkstoffe in der Muttermilch vor Infektionen geschützt sind, sollte ab der 8. Woche mit der Grundimmunisierung begonnen werden, da dann dieser Schutz nachlässt.

165

die Impfung hervorgerufenen Impfschutz entsteht somit eine Abwehrlücke (immunologische Lücke), in der ein Hundewelpe besonders infektionsgefährdet ist. Gleichzeitig beeinflussen diese mütterlichen Schutzstoffe aber auch die Wirksamkeit der Impfstoffe, sodass mit einer Impfung des Welpen daher in der Regel ab der 8. Lebenswoche begonnen wird.

Der Besuch von Welpenschulen oder Welpenspielgruppen ist meist nur mit nachgewiesenem Impfschutz erlaubt und sinnvoll. Auch der spätere Besuch von Veranstaltungen wie Ausstellungen, Sportwettkämpfen oder Prüfungen erfordert einen Impfschutz der teilnehmenden Hunde. Genauere Informationen erhalten Sie von dem jeweiligen Veranstalter.

Grundimmunisierung und Auffrischung

Unter Grundimmunisierung versteht man beim Hund die in den ersten beiden Lebensjahren vorgenommene Impfabfolge. Impfungen erfolgen dabei in der 8., 12. und 16. Lebenswoche sowie im 15. Lebensmonat. Anschließend muss der bestehende Impfschutz durch regelmäßige Auffrischungen erneuert werden.

Das nachfolgende Impfschema basiert auf einer zurzeit gültigen Empfehlung eines Expertengremiums, die ständig aktualisiert wird und vom VDH sowie den meisten Zuchtverbänden anerkannt wird.

> **!**
>
> **Empfohlenes Impfschema für die Grundimmunisierung**
>
> 8. Lebenswoche HCC, Leptospirose, Parvovirose, Staupe,
> 12. Lebenswoche HCC, Leptospirose, Parvovirose, Staupe, Tollwut
> 16. Lebenswoche HCC, Parvovirose, Staupe, Tollwut
> 15. Lebensmonat HCC, Leptospirose, Parvovirose, Staupe, Tollwut
> HCC = Hepatitis contagiosa canis/ansteckende Leberentzündung

Bei Tieren, bei denen erst später mit der Impfung begonnen wird, gelten die gleichen Abstände. Es genügt jedoch eine zweimalige Impfung nach drei bis vier Wochen, gefolgt von einer Wiederholung nach einem Jahr für eine erfolgreiche Grundimmunisierung.

Wiederholungsimpfungen sind in den vom Impfstoffhersteller angegebenen Abständen (ein bis drei Jahre) erforderlich. Die Zeiten, als jedes Jahr gegen Tollwut erneut geimpft werden musste, sind also dank der neuen Impfstoffe vorbei.

Es gibt aber auch noch andere mögliche Impfungen wie zum Beispiel gegen Borreliose, Zwingerhusten, Herpesvirusinfektionen oder Babesiose, die aber nicht bei jedem Hund erforderlich sind. Lassen Sie sich von Ihrem Tierarzt beraten, ob Ihr Labi aufgrund seiner Lebensweise oder seines Einsatzes auch vor diesen Krankheiten durch Impfungen geschützt werden muss.

Der Labi auf Reisen

Vermutlich gehören Sie als Labi-Fan zu den Hundehaltern, die ihren Vierbeiner auch möglichst im Urlaub mit dabei haben wollen und die entsprechenden Reiseziele und die Art der Anreise danach aussuchen. Sollten Sie die schönsten Wochen im Jahr im eigenen Land verbringen, müssen Sie keine größeren Vorkehrungen treffen, außer alles Wichtige für Ihren Labi, was er auch zu Hause regelmäßig benötigt, in den Koffer zu packen.

Wenn Sie aber in andere Länder, egal ob in den hohen Norden oder in den sonnigen Süden reisen, müssen Sie natürlich einige Formalitäten beachten sowie besondere Vorkehrungen bezüglich der Gesundheitsvorsorge treffen.

Der EU-Heimtierausweis

Seit dem 1. 10. 2004 gelten weitgehend einheitliche Bestimmungen für Reisen mit Hunden innerhalb der Mitgliedsstaaten der EU. Einige Länder, wie die Schweiz oder Liechtenstein, in denen der Tollwutstatus dem der EU entspricht, werden hierbei wie EU-Länder behandelt.

Die EU-Verordnung regelt darüber hinaus auch den grenzüberschreitenden Verkehr zwischen Drittländern und EU-Mitgliedsstaaten.

Im Mittelpunkt dieser Verordnung steht der blaue EU-Heimtierausweis, der beim grenzüberschreitenden Verkehr mitgeführt und auf Verlangen vorgezeigt werden muss. Der Heimtierausweis ist ein amtliches Dokument des Hundes, sozusagen der Reisepass Ihres Labis. Die Ausstellung erfolgt durch den Tierarzt. Neben den aktuellen Besitzerangaben enthält der Pass tierspezifische Daten inklusive Mikrochip- oder Tätowiernummer und natürlich die Eintragung der durchgeführten Impfungen.

In allen Ländern ist eine gültige Tollwutimpfung Pflicht. In manchen Ländern wie Schweden oder Großbritannien müssen der Tollwutimpfschutz durch Antikörperbestimmung in einer Blutprobe sowie eine Behandlung gegen Bandwürmer und Zecken nachgewiesen werden. Da sowohl innerhalb der EU als auch im restlichen Ausland die Einreisebestimmungen für Tiere recht unterschiedlich sein können, sollten Sie sich früh genug vor einem geplanten Urlaub darüber informieren.

Heutzutage bekommen bei uns alle Hunde einen Mikrochip implantiert, bevor sie an ihren Besitzer abgegeben werden. Das früher übliche Tätowieren gehört der Vergangenheit an. Ab Mitte 2011 sind Tätowierungen nicht mehr gültig, sodass ab da ohnehin alle Hunde einen Mikrochip besitzen müssen. Mit einem speziellen Lesegerät wird dieser etwa reiskorngroße Transponder erkannt. Aufgrund des angezeigten 15-stelligen Zahlencodes, der nur einmal weltweit vergeben wird, ist jedes Tier somit eindeutig zu identifizieren.

167

Wenn Sie mir Ihrem Labrador Retriever bei einem Wesenstest, einem Wettkampf oder einer Ausstellung teilnehmen, werden Sie feststellen, dass auch hierbei die Identifizierung mit dem Lesegerät üblich ist.

> **!**
> **Registrieren Sie Ihren Hund!**
> Lassen Sie Ihren Labi beim Haustierzentralregister (Adresse siehe Anhang) registrieren. Dort kann rund um die Uhr ein aufgefundenes Tier aufgrund seiner Nummer identifiziert und an seinen Besitzer wieder vermittelt werden. Diese Registrierung ist kostenlos. Die Organisation finanziert sich ausschließlich durch Spenden. Sicherlich haben auch Sie für diesen tollen Service, der schon viele Hunde und Katzen wieder nach Hause gebracht hat, einen kleinen Obolus übrig.

Das richtige Transportmittel

Das richtige Transportmittel für eine Reise mit Ihrem Labi ist natürlich das eigene Auto oder – noch besser – das Wohnmobil. Mit dem fahrbaren Zuhause unterwegs zu sein ist ideal, weil man jederzeit für eine Pause anhalten kann, sich in einer gewohnten Umgebung aufhält, alles Wichtige immer griffbereit hat und nicht ständig auf Fremde Rücksicht nehmen muss. Längere Strecken mit der Bahn oder mit einer Fähre zurückzulegen ist schon etwas umständlicher und nicht immer ganz angenehm für den Hund, da man sehr eingeschränkt ist und nicht nach Wunsch eine Gassi-Pause einlegen kann. Offiziell besteht hier häufig auch eine Maulkorbpflicht, sodass Sie auf alle Fälle einen Maulkorb mitführen müssen, an den Ihr Labi auch gewöhnt sein soll, falls man Sie auffordert, ihn beim Hund anzulegen.

Falls Sie eine Flugreise unternehmen möchten, sollten Sie sich ernsthaft überlegen, ob Ihr Labi die Ferien nicht lieber bei einem netten Hundesitter im Familien- oder Freundeskreis, vielleicht sogar bei einem seiner Hundefreunde, verbringen soll. Denn mit seiner Körpergröße muss ein Labrador Retriever immer in einer Box im Frachtraum transportiert werden –

Für den wasserbegeisterten Labrador Retriever ist ein Urlaub an einem Gewässer – am besten noch zusammen mit einem Spielgefährten – natürlich am schönsten.

Ausnahmen sind nur Blindenführhunde –, was mit viel Stress für alle Beteiligten verbunden ist und auch sicherlich Ihnen Sorgen bereitet und Ihnen zumindest während des Fluges die Urlaubsfreude nimmt. Wenn Sie sich nicht aus beruflichen Gründen längere Zeit im Ausland aufhalten müssen, sollten Sie Ihrem Labi einen Flug für einen nur wenige Wochen dauernden Urlaub daher nicht zumuten.

Im Urlaub vor Krankheiten schützen

Wenn Sie mir Ihrem Labi in südliche Länder rund um das Mittelemeer reisen möchten, sollten Sie Ihren Vierbeiner auch vor Krankheiten schützen, die vor allem dort auftreten, wobei einige dieser Erkrankungen mittlerweile auch bis in unsere Breiten vorgedrungen sind.

- **Leishmaniose** ist eine Erkrankung, die vor allem im Mittelmeerraum sowie anderen tropischen und subtropischen Regionen vorkommt. Sie wird durch einzellige Parasiten verursacht, die durch dämmerungsaktive Schmetterlingsmücken übertragen werden. Die Erreger können zu schweren Haut- und Organerkrankungen führen. Zur Vorbeugung sollten Sie ein spezielles Spot-on-Präparat verwenden, das vor einem Befall mit diesen Mücken schützt und in der Regel beim Tierarzt erhältlich ist. Direkt am Strand kommen die Überträger der Leishmaniose nicht vor, aber schon wenige hundert Meter in Richtung Landesinnere muss man in den Dämmerungsstunden mit den Schmetterlingsmücken rechnen. In dieser Zeit sollte sich Ihr Labi daher nicht im Freien aufhalten.
- **Herzwürmer** werden auch in südlichen Ländern durch Stechmücken übertragen und können schwere Erkrankungen auslösen. Ein Präparat zur Herzwurmprophylaxe ist auch beim Tierarzt erhältlich.
- **Ehrlichiose** war früher eine typische Erkrankung des Mittelmeerraums. Mittlerweile haben sich die Erreger aber auch in Deutschland verbreitet. Befallen werden vor allem Lymphknoten, Leber und Milz. Ehrlichiose kann mit Antibiotika behandelt werden. Unbehandelt verläuft die Krankheit schwer bis tödlich. Der Erreger ist ein Parasit, der sich in weißen Blutkörperchen von Hunden ansiedelt und durch Zecken übertragen wird. Daher ist ein wirkungsvoller Schutz gegen Zecken die beste Vorbeugung.
- **Hundemalaria** ist ein anderer Name für die durch Zecken übertragene **Babesiose**. Auch sie hat sich aus dem Mittelmeerraum immer weiter Richtung Norden verbreitet. Babesiose wird durch die Auwaldzecke übertragen. Die Erreger sind Parasiten, welche die roten Blutkörperchen zerstören, ähnlich wie bei der menschlichen Malaria. Gelbsucht und Anämie sind die Folge. Wird der Hund nicht behandelt, verläuft diese Infektion meistens tödlich. Daher ist auch hierfür ein wirksamer Schutz gegen Zecken wichtig.

169

Die häufigsten Erkrankungen

Auch wenn der Labi ein äußerst robuster Hund ist, bleibt er nicht immer vor allen Krankheiten gefeit.

Verantwortungsvolle Züchter, die dem LCD und dem DRC angeschlossen sind, machen sich die Reinzucht von rassetypischen und gesunden Labrador Retrievern zum Ziel. Dennoch ist dieser robuste und witterungsunempfindliche Jagdhund nicht frei von so manchen – teilweise erblichen – Krankheiten. Die wichtigsten Erkrankungen und wie man ihnen vorbeugen oder sie behandeln kann, werden hier im Folgenden kurz erläutert werden.

Hüftgelenkdysplasie (HD)

Hüftgelenkdysplasie ist eine Fehlbildung des Hüftgelenks, die in der Regel beidseitig auftritt. Allerdings kann die Art der Fehlbildung recht unterschiedlich sein und wird in verschiedene Schweregrade eingeteilt. Die Symptome und die Beschwerden sind aber bei betroffenen Hunden nicht immer gleich. Es kann durchaus sein, dass ein Labi relativ schwere HD hat, aber scheinbar beschwerdefrei ist. Genaue Gewissheit, ob ein Hund an HD erkrankt ist oder die Anlage dafür besitzt, gibt nur ein Röntgenbild, das von darauf spezialisierten Tierärzten angefertigt und beurteilt werden muss. Soll ein Labrador Retriever für die Zucht zugelassen werden, muss solch eine Röntgenaufnahme erstellt werden. Das Mindestalter für den Hund ist zwölf Monate.

Die Hüftgelenkdysplasie wird zwar als erblich eingestuft, der Schweregrad wird aber außerdem durch Haltung und Fütterung beeinflusst. Ein Welpe oder Junghund sollte nur seinem Entwicklungsstand angemessen bewegt und gefüttert werden. Übertreibungen jeglicher Art, vor allem Überanspruchung von Knochen und Gelenken, sollten vermieden werden. Erst beim erwachsenen Labi, wenn im Alter von etwa 15 bis 18 Monaten die körperliche Entwicklung voll abgeschlossen ist, dürfen Hundesportarten mit vielen Sprüngen oder längere Radtouren durchgeführt werden.

HD-Bewertung

Es gibt zwei verschiedene Systeme, nach denen die HD bewertet wird. Eine Einteilung erfolgt in unterschiedliche Grade:

- Grad 1: Der Oberschenkelkopf sitzt nicht korrekt in der Hüftgelenkpfanne.
- Grad 2: Die Hüftgelenkpfanne stellt sich in der Röntgenaufnahme leicht abgeflacht dar.
- Grad 3: Die Hüftgelenkpfanne erscheint flach und der Oberschenkelkopf ist fast ausgekugelt.
- Grad 4: Der Oberschenkelkopf ist ausgekugelt und liegt nicht mehr in der Hüftgelenkpfanne.

Das andere System bewertet das Hüftgelenk nach der Anordnung der einzelnen Bestandteile wie Hüftgelenkpfanne, Oberschenkelkopf, Oberschenkelhals und Gelenkspalte und berücksichtigt außerdem die Messung des sogenannten Norberg-Winkels. Dieser Winkel gibt Aufschluss darüber, ob der Oberschenkelkopf korrekt in der Hüftgelenkpfanne sitzt. Je kleiner der Norberg-Winkel ist, umso stärker ist die HD ausgeprägt.

- HD-0 = A1 und A2, frei von HD (Norberg-Winkel von 105° und mehr)
- HD-1 = B1 und B2, Übergangsform (Norberg-Winkel von mindestens 100°)
- HD-2 = C1 und C2, leichte HD (Norberg-Winkel um 100°)
- HD-3 = D1 und D2, mittlere HD (Norberg-Winkel zwischen 90 und 100°)
- HD-4: E1 und E2, schwere HD (Norberg-Winkel unter 90°)

Hunde mit mittlerer (HD-3) oder schwerer (HD-4) HD sind für die Zucht nicht zugelassen. Ein Hund mit leichter HD (HD-2) darf vorbehaltlich mit einem HD-freien Hund (HD-0) gepaart werden.

Ellenbogengelenkdysplasie (ED)

Die Ellenbogengelenkdysplasie gehört wie die Hüftgelenkdysplasie zu den erblich bedingten Krankheiten, wird aber ebenso auch durch Haltung und Fütterung beeinflusst. Sie entsteht durch eine ungenaue Passform des Oberarmknochens, der Elle und der Speiche, die das Ellenbogengelenk bilden. Das Auftreten dieser Erkrankung beginnt etwa ab dem 4. bis 8. Lebensmonat. Wie bei der HD dürfen die Röntgenaufnahmen zur Begutachtung erst ab einem Alter von zwölf Monaten erfolgen.

Ellenbogengelenkdysplasie ist eigentlich ein Überbegriff für unterschiedliche Krankheitsbilder, die auch verschieden bezeichnet werden. Die wichtigsten dieser Erkrankungen, die auch beim Labi vorkommen können, werden hier kurz beschrieben.

> **⚠ ED-Bewertung**
> Die Bestimmungen und Zuchtvoraussetzungen entsprechen den Bestimmungen, wie zuvor bei der HD beschrieben.
> Die ED wird wie folgt aufgeteilt.
> ▪ ED 0 = frei von ED
> ▪ ED GF = Grenzfall (nur beim DRC, zurzeit beim LCD nicht gültig)
> ▪ ED I = leichte ED
> ▪ ED II = mittlere ED
> ▪ ED III = schwere ED
> Hunde mit ED Grad II und ED Grad III sind von der Zucht ausgeschlossene Hunde.
> Hunde mit leichter ED (ED I) dürfen nur mit einem Hund verpaart werden, der ED-frei ist oder als Grenzfall bewertet wird.

Nur wenn die Ergebnisse der Röntgenuntersuchungen es zulassen, darf mit einem Labi – wie diesem Rüden – gezüchtet werden.

Fragmentierter Processus anconeus (FPA)

Eine Form der Ellenbogengelenkdysplasie ist der fragmentierte Processus anconeus. Damit gemeint ist ein knorpelig ausgebildeter Knochenfortsatz, der in das Ellenbogengelenk hineinragt.

Der Processus anconeus verknöchert in der Zeit zwischen der 18. bis 24. Lebenswoche des Hundes. Durch diese Verknöcherung verliert er an Elastizität und kann durch einen Unfall oder übermäßige Belastung abreißen. Als Folge wird das Ellenbogengelenk instabil, schmerzhaft und weist arthrotische Veränderungen auf.

Isolierter Processus anconeus (IPA)

Ist der zunächst knorpelig ausgebildete Processus anconeus nicht bis zur 24. Lebenswoche verknöchert, spricht man vom Krankheitsbild des „isolierten Processus anconeus".

Ursache ist oft ein verzögertes Längenwachstum der Elle, das sogenannte Short-Ulna-Syndrom. Dies führt zu Druckveränderungen in der Wachstumsfuge, was letztendlich deren richtigen Abschluss verhindern kann.

Osteochondrose (Osteochondrosis dissecans = OCD)

Die Osteochondrose ist eine Erkrankung, welche sich auf das Skelett heranwachsender Hunde beschränkt, wobei besonders schnell wachsende Hunde eher betroffen sind.

Die OCD betrifft den Gelenkknorpel und die Wachstumsfugen der Knochen. Es entsteht eine Knorpelverdickung, welche die Ernährung der tiefen Knorpelschichten verhindert. Somit kommt es zu Degeneration, Unterversorgung und Nekrose der tiefer liegenden Schichten.

Ursachen für eine Osteochondrose können sein Knochenbrüche, eine genetische Veranlagung und eventuell sogar eine falsche Fütterung.

Erblich oder nicht?

Sowohl die Hüftgelenkdysplasie als auch die Ellenbogengelenkdysplasie gelten als vererbbare Erkrankungen insofern, dass sie als sogenannte Disposition, also Veranlagung, vererbt werden. Es handelt sich dabei also nicht um eine angeborene Krankheit. Ein Welpe kann mit der Anlage für diese Krankheit auf die Welt kommen, muss aber nicht unbedingt daran erkranken oder schwere Symptome zeigen.

Denn neben der erblichen Veranlagung spielen vor allem die Ernährung und die körperliche Belastung eine Rolle, ob es zum Ausbruch der Erkrankung kommt oder nicht. Übermäßige Bewegung und Überanstrengung des Welpen können zu einer schnelleren sichtbaren Erkrankung führen. Auch eine zu energie-, eiweiß- und kalziumreiche Ernährung des jungen Hundes fördert den Ausbruch dieser Gelenkerkrankungen. Denn ein Überangebot an Nährstoffen führt zu einem schnelleren Skelettwachstum des Hundes. Und Hunde, die schneller wachsen, haben ein größeres Risiko, an HD oder ED zu erkranken, als Hunde, die langsamer wachsen.

Wird der Labi im ersten Lebensjahr normal gefüttert und körperlich nicht überanstrengt, ist die Gefahr geringer, dass eine der Gelenkerkrankungen zum Ausbruch kommt, obwohl er vielleicht die Disposition dafür besitzt.

Nähere wichtige Informationen zur richtigen Ernährung und Beschäftigung Ihres jungen Labis finden Sie in den entsprechenden Kapiteln.

Augenerkrankungen

Bei vielen Hunderassen wurde schon festgestellt, dass verschiedene Augenerkrankungen erblich bedingt auftreten können. Auch beim Labrador Retriever ist das der Fall. Deshalb gehören regelmäßige Augenuntersuchungen zur Zuchtzulassung der Elterntiere. Betroffen sind hierbei speziell drei verschiedene Erkrankungen, die im Folgenden kurz vorgestellt werden.

173

Grauer Star (HC = heredity cataract)

Beim Grauen Star, auch Katarakt genannt, unterscheidet man zwischen der erblichen und der nichterblichen Form. Die erbliche Form tritt bei einer Reihe von Hunderassen auf, zu denen der Labrador Retriever gehört. Die nichterbliche Form kann hervorgerufen werden durch Augenverletzungen, Netzhautablösungen, dem Grünen Star und Linsenverlagerungen oder einfach durch ein hohes Lebensalter. Typische Symptome sind eine bläulich getrübte Linse und eine langsam abnehmende Sehfähigkeit, die zur völligen Erblindung führen kann.

Labis mit einem erblichen Katarakt dürfen nicht zur Zucht eingesetzt werden. Zuchthunde müssen jährlich einen negativen ärztlichen Befund vorweisen.

Die Augen sollten weder eine Auswärts- noch eine Einwärtsdrehung des Augenlids besitzen. Bei dieser Labi-Hündin sind die Lider völlig korrekt.

Progressive Retina-Atrophie (PRA)

Bei der Progressiven Retina-Atrophie unterscheidet man die generalisierte und die zentrale Form; beide sind erblich bedingt. Beim Labrador Retriever kommt häufiger die zentrale Form vor. Sie tritt im Alter von ein bis vier Jahren auf. Bei ihr wird die zentrale Sehfähigkeit eingeschränkt, was zu einer schlechteren Wahrnehmung sich nicht bewegender Objekte führt. Die Krankheit schreitet sehr langsam voran und führt nur selten zur Erblindung.

Sie ist durch eine Betrachtung des Augenhintergrundes nach Weitstellung der Augen mithilfe von Augentropfen festzustellen. Da es keine Therapie für diese Krankheit gibt, ist es wichtig, dass betroffene Hunde von der Zucht ausgeschlossen werden.

Seit einigen Jahren besteht beim Labrador Retriever die Möglichkeit der genetischen Untersuchung auf PRA. Die Zuchtordnung von DRC und LCD beinhaltet daher die Bestimmung, dass bei mindestens einem der beiden Deckpartner eine genetische Freiheit von PRA bestehen muss, sei es durch eben diese genetische Untersuchung des Blutes oder durch die Einstufung des betreffenden Hundes über die Elterntiere.

Retina-Dysplasie (RD)

Bei der Retina-Dysplasie unterscheidet man auch unterschiedliche Formen. Bei dieser Krankheit löst sich die Netzhaut vom Augenhintergrund ab. Nur Hunde, bei denen diese Erkrankung zur völligen Blindheit führt, sind von der Zucht ausgeschlossen. Bei den anderen Formen der RD konnte bisher nicht nachgewiesen werden, dass sie vererbt werden.

Ektropium

Bei einem Ektropium handelt es sich um eine Auswärtsdrehung des Augenlids. Dadurch entsteht ein unvollständiger Lidschluss und es kommt zu vermehrtem Tränenfluss. Dadurch werden wiederum Entzündungen der Horn- und Bindehaut begünstigt.

Ein Ektropium kann vererbt werden, ist aber glücklicherweise bei einem Welpen recht schnell zu erkennen. Spätestens bei der Wurfabnahme kann festgestellt werden, ob es sich dabei um die krankhafte Auswärtsdrehung handelt oder ob der kleine Labi einfach noch in seine Haut „reinwachsen" muss.

Die einzige Möglichkeit, ein Ektropium zu behandeln, ist die operative Korrektur des Lidrands. Auch wenn danach der Hund symptomfrei ist, sollte er später nicht zur Zucht verwendet werden, damit er dieses Merkmal nicht weitervererbt.

Entropium

Als Entropium bezeichnet man eine Einwärtsdrehung des Augenlids, wodurch eine Irritation der Hornhaut und nachfolgend eine Entzündung entsteht. Sie ist in der Regel für den Hund sehr unangenehm bis schmerzhaft. In den meisten Fällen ist auch diese Augenerkrankung angeboren und wird durch eine operative Korrektur des Augenlids behoben.

Labrador-Myopathie

Die Labrador-Myopathie (LM) oder Labrador-Retriever-Myopathie (LRM) ist eine erblich bedingte Erkrankung der Muskeln. In der wissenschaftlichen Literatur begegnet man auch Bezeichnungen wie CNM (Centronuclear Myopathy) oder HMLR (Heredity Myopathy of Labrador Retrievers). Beide bezeichnen ebenfalls diese erbliche Muskelerkrankung beim Labrador Retriever.

Meistens befällt diese Krankheit mehrere Welpen eines Wurfes unabhängig von der Fellfarbe. Die Symptome treten erstmals im Alter zwischen sechs Wochen und sieben Monaten auf. Die Tiere leiden dann an einem allgemeinen Muskelschwund, der sich durch akute Schwäche nach körperlicher Belastung, eine abnormale Haltung und einen steifen Gang zeigt. Die Symptome können unterschiedlich stark ausgeprägt sein. Eine klare Diagnose kann durch eine Muskelbiopsie, also durch die Entnahme von Muskelgewebe, das pathologisch untersucht wird, erfolgen. Leider ist bis heute aber keine wirksame Behandlung zur Linderung oder gar vollständigen Heilung bekannt. Die Krankheit kommt bisher zwar relativ selten vor, aber betroffene Hunde können meistens nicht therapiert werden und müssen häufig vor Vollendung des ersten Lebensjahres eingeschläfert werden.

Zwar gibt es ähnliche als Myopathie bezeichnete Erkrankungen auch bei anderen Hunderassen und sogar beim Menschen, sie werden jedoch geschlechtsgebunden vererbt. Die spezielle Form der LM tritt aber tatsächlich nur beim Labrador Retriever auf und wird geschlechtsunabhängig autosomal-rezessiv vererbt. Das betreffende Gen liegt auf einem normalen Chromosom (autosomal) und nicht auf Geschlechtschromosomen. Erkranken können somit weibliche und männliche Tiere, allerdings nur, wenn sie jeweils von Vater und Mutter das entsprechende Gen erhalten haben (rezessiv). Die Eltern müssen dann also das krankmachende Gen tragen. Sie können daran zwar nicht selbst erkranken, vererben es aber zu 50-prozentiger Wahrscheinlichkeit weiter.

Das bedeutet nicht unbedingt, dass Träger dieses Gen für die Zucht ausgeschlossen werden müssen. Sie sollten aber nur mit Tieren verpaart werden, die „gesunde" Gene tragen. Somit können dann bei den Nachkommen nur gesunde Hunde und Anlageträger, die selbst nicht erkranken, vorkommen.

Um dieser Erkrankung Einhalt zu gebieten, sollte daher unbedingt ein entsprechender Gen-Test, den es seit 2005 gibt, durchgeführt werden, bevor ein Labrador Retriever bei der Zucht zum Einsatz kommt. Die Züchter tragen somit die Verantwortung, diese rassetypische Erkrankung unter Kontrolle zu halten und sowohl den Hunden als auch ihren Besitzern unnötiges Leid zu ersparen.

Während der Läufigkeit sollte man bei einer Hündin auf die Wasserarbeit verzichten, um einer Infektionsgefahr vorzubeugen.

Gebärmutterentzündung

Gebärmutterentzündungen können bei allen Hunderassen gleichermaßen auftreten. Da es sich hierbei aber um eine sehr gefährliche Erkrankung handelt, die ohne Behandlung in den meisten Fällen tödlich endet, soll sie hier kurz beschrieben werden.

Es gibt verschiedene Arten von Gebärmutterentzündungen, wobei am häufigsten die Gebärmuttervereiterung (Pyometra) vorkommt. Sie entsteht innerhalb des normalen Zyklus der ansonsten gesunden

Hündin. Die anderen Entzündungen der Gebärmutter entstehen durch Hormonstörungen und werden hier nicht erwähnt.

Die Pyometra kann auftreten, wenn während der Läufigkeit Bakterien über den geöffneten Gebärmutterhals aufsteigen und zu einer Entzündung führen. Hormonbedingt schließt sich später die Gebärmutter wieder, sodass sich im Innern durch die Bakterien zunehmend Eiter ansammelt.

Daher sollten Sie während der Läufigkeit Ihrer Labi-Hündin den Besuch von Gewässern jeglicher Art vermeiden, da hier die Gefahr besonders groß ist, dass Bakterien durch die Scheide eindringen. Auch wenn Ihre Hündin noch so wasserbegeistert ist, sollte das Durchwaten von Bächen, Teichen und Tümpeln oder das Schwimmen oder Dummy-Training im Wasser auf einen späteren Zeitpunkt verschoben werden.

Typische Symptome für eine Pyometra sind eitriger Ausfluss aus der Scheide sowie Schmerzen beim Abtasten des Bauches, erhöhter Durst, Apathie und eventuell Fieber. Bei diesen Symptomen sollte sofort der Tierarzt aufgesucht werden.

Wurde die Pyometra rechtzeitig entdeckt, kann die Erkrankung noch durch Injektionen eines speziellen Präparates, das die Gebärmutter entleert, sowie durch ein Breitbandantibiotikum behandelt werden. Häufig kommt es

> Eine Pyometra ist immer lebensbedrohlich und muss so schnell wie möglich behandelt werden!

dann aber nach der nächsten Läufigkeit wieder zu Problemen. In schweren Fällen oder um später erneuten Gebärmuttervereiterungen vorzubeugen, erfolgt eine Kastration, bei der sowohl die Eierstöcke als auch die Gebärmutter entfernt werden.

EIC

Exercised Induced Collapse (EIC) ist eine Erkrankung, deren Krankheitsbild dem einer Epilepsie sehr ähnelt. In letzten Jahren haben sich einige Arbeitskreise von verschiedenen amerikanischen Universitäten mit dieser Erkrankung näher befasst. So konnte der Erbgang von EIC schon geklärt werden. Im Folgenden werden die aktuellen Ergebnisse (Stand 2010) kurz zusammengefasst. Wer sich näher mit diesem Thema befassen möchte, findet im Internet ausführliche Informationen.

Nachgewiesen wurde diese Erkrankung vor allem bei Hunden im Alter zwischen fünf Monaten und drei Jahren. Die Symptome treten in der Regel erst auf, wenn mit dem Hund begonnen wurde, intensiv zu arbeiten und zu trainieren.

Typisch für EIC ist, dass die Hunde bei einer anstrengenden Belastung über 5 bis 20 Minuten und bei extremer Aufregung Schwächeanfälle und schließlich einen Kollaps bekommen. Das erste Anzeichen ist ein schaukelnder Gang. Danach zeigen die Hunde eine Hinterhandschwäche, die im schlimmsten Fall bis zu einer totalen Bewegungsunfähigkeit führen kann. Die meisten Hunde sind währenddessen aber voll bei Bewusstsein und versuchen sogar weiterzurennen und zu apportieren. Nur etwa ein Viertel der Hunde ist bei einem Kollaps benommen oder desorientiert. Labrador Retriever, bei denen dieses Gen homozygot vorkommt, scheinen außerdem ein leicht erregbares Temperament bei hoher Trieblage zu besitzen, was für einen Labi ja eigentlich ungewöhnlich ist.

Treten bei einem Labrador Retriever die ersten Symptome auf, sollte das Training oder die Arbeit mit dem Hund sofort abgebrochen werden. Die meisten Hunde erholen sich dann recht schnell, und zwar innerhalb von 5 bis 25 Minuten.

Verursacht wird EIC durch ein bestimmtes Gen, das in einer veränderten Form auftritt (als E bezeichnet). Das normale, intakte Gen wird mit N bezeichnet. Nur Tiere, die das mutierte Gen homozygot, also doppelt besitzen (E/E), leiden auch an dieser Krankheit, da es sich um einen autosomal-rezessiven Erbgang handelt.

EIC tritt zwar nur selten auf, findet hier aber dennoch Erwähnung, da sie beim Labrador Retriever in Relation zu anderen Rassen häufiger nachgewiesen werden konnte. Das Auftreten von EIC bei allen Hunderassen im Vergleich wurde bisher aber noch nicht erforscht.

Ist ein Labrador Retriever betroffen, gibt es nur wenige Möglichkeiten, solch einem auftretenden Kollaps vorzubeugen. Am besten ist es dann, für den Hund zu anstrengende Belastungen und extreme Aufregung zu vermeiden.

Soll ein E/E-Hund für die Zucht verwendet werden, sollte er mit einem N/N-Hund, der das normale, intakte Gen trägt, verpaart werden. Dann ist bei den Nachkommen nicht zu befürchten, dass EIC auftritt.

An dieser Stelle sei darauf hingewiesen, dass Anfälle wie hier beschrieben auch durch ganz verschiedene Krankheiten verursacht werden können und die Ursachen längst nicht immer erblich bedingt sein müssen. Daher lässt sich nur durch einen DNA-Test nachweisen, ob es sich bei einer Erkrankung um EIC, um eine Form einer vererbbaren Epilepsie oder um eine ganz andere Erkrankung handelt.

Epilepsie
Es konnte noch eine weitere Krankheitsform, die der EIC sehr ähnlich, aber ausschließlich beim Labrador Retriever vorkommt, nachgewiesen wurde. Hiebei handelt es sich um eine Art der Epilepsie, die auch durch Erregung und Belastung ausgelöst wird und zu Koordinations- und Bewegungsproblemen führt, wobei der Hund ebenso wie bei EIC bei vollem Bewusstsein ist. Daher lassen sich diese beiden Erkrankungen nur schwer unterscheiden. Allerdings tritt diese Form der Epilepsie sehr schnell und nicht schleichend auf und hält auch nur kurz, meist weniger als zwei Minuten, an.

Sollte ein Labrador Retriever einige der hier aufgeführten Symptome zeigen, ist es Sache des Tierarztes, weiter Untersuchungen über die Ursache einzuleiten und zu entscheiden, ob und wie die Erkrankung behandelt werden kann. Denn nur aufgrund der beobachteten Symptome oder der Art des Kollapses kann nicht eindeutig nachgewiesen werden, um welche Art von Erkrankung es sich handelt.

Hypothyreose

Als Hypothyreose wird die Schilddrüsenunterfunktion bezeichnet, bei der zu wenig des Schilddrüsenhormons Thyroxin gebildet wird. Sie ist die häufigste bei Hunden auftretende Schilddrüsenerkrankung. Eine Schilddrüsenüberfunktion ist bei Hunden dagegen sehr selten.

Die Hypothyreose kann angeboren sein oder erst im späteren Leben entstehen. Der Labrador Retriever gehört ebenso wie sein Vetter, der Golden Retriever, zu den Rassen, bei denen diese Schilddrüsenunterfunktion relativ oft vorkommt. Sie tritt hier in der Regel erst im Erwachsenenalter auf.

Die Symptome entwickeln sich langsam. Zu ihnen zählen unter anderem Trägheit, Müdigkeit, erhöhtes Wärmebedürfnis, herabgesetzte Körpertemperatur, fehlende Motivation, gesteigerte Fresslust, Gewichtszunahme, Fell- und Hautveränderungen. Aber auch unerklärliche Verhaltensveränderungen können unter Umständen durch eine Hypothyreose verursacht werden.

Die Bestimmung einer Blutprobe gbit Gewissheit darüber, ob es sich um eine Schilddrüsenunterfunktion handelt. Sie ist gut therapiebar, indem das fehlende Hormon Thyroxin in Tablettenform – allerdings ein Leben lang – verabreicht wird.

Wasserrute

Bei der Wasserrute, auch als Hammelschwanz oder Cold Tail bezeichnet, handelt es sich um eine noch relativ wenig erforschte Krankheit, die aber in der Regel schnell verheilt. Besonders in den Sommermonaten tritt die Wasserrute auf, und zwar vorwiegend bei Jagd- und Sporthunden, mit denen intensiv gearbeitet wird. Rüden sind häufiger betroffen als Hündinnen.

Am auffälligsten bei den Symptomen ist die Schwanzhaltung. Die Basis der Rute wird horizontal vom Körper weggestreckt, während der Rest schlaff nach unten hängt. Der Rutenansatz ist geschwollen, was sehr starke Schmerzen verursacht. Daher haben erkrankte Tiere Probleme, sich normal hinzusetzen, hinzulegen oder ins Auto zu springen. Häufig nehmen sie als Schonhaltung den sogenannten Welpensitz ein, wobei das Becken seitlich weggekippt wird, um den Schwanz zu entlasen.

179

So sieht es aus, wenn bei einem Labi die sogenannte Wasserrute auftritt.

Ursache für die Symptome sind sehr starke körperliche Belastungen, zum Beispiel beim jagdlichen Einsatz, und vor allem das Schwimmen in sehr kaltem, aber auch sehr warmem Wasser. Da der Labrador Retriever zu den extrem wasserbegeisterten Rassen gehört, besteht daher eher das Risiko, an einer Wasserrute zu erkranken, als bei wasserscheuen Hunden. Weniger trainierte Hunde sind wesentlich häufiger betroffen als Hunde mit guter Konstitution, die an eine starke Belastung gewöhnt sind. In einigen Fällen war die Ursache sogar einfach ein nasses Fell bei kaltem Wetter. Auch wenn die Rute sehr hoch angesetzt ist oder der Hund eine extreme Rutentätigkeit zeigt, wie zum Beispiel der Labi, dessen Otterrute fast immer in Aktion ist, kann diese Erkrankung auftreten.

Bei der Wasserrute handelt es sich wahrscheinlich um vorübergehende Muskelschäden am Rutenansatz und nicht um eine Stauchung der Wirbelgelenke, wie früher vermutet wurde. In der Regel klingt diese Erkrankung von allein ab und muss nicht unbedingt vom Tierarzt behandelt werden. Da sie aber mit erheblichen Schmerzen verbunden ist und der Hund während dieser Zeit eingeschränkt ist, sollte man über eine medikamentöse Schmerzlinderung nachdenken, bis die Heilung abgeschlossen ist.

Hauterkrankungen

Es gibt sehr viele verschiedene Hauterkrankungen beim Hund, die aber oft nur sehr schwer zu bestimmen bzw. zu unterscheiden sind. Für Ekzeme, „Hot Spots", trockene oder schuppige Haut sowie Haarausfall gibt es viele verschiedene Ursachen. Hierzu zählen Hormonstörungen (wie zum Beispiel Hypothyreose, siehe oben), Allergien, Stoffwechselstörungen, Hautparasiten, Tumoren, Vitaminmangel, bakterielle oder Pilzinfektionen, Sexualhormonstörungen und vieles mehr. Einige dieser Erkrankungen kommen bei verschiedenen Rassen häufiger vor als bei anderen, sodass die Veranlagung dazu auch erblich bedingt sein kann.

Alopezie

Als Alopezie wird allgemein Haarausfall bezeichnet, der sehr viele Ursachen haben kann. Sollte daher starker Haarverlust auftreten, vielleicht noch verbunden mit Hautentzündungen oder starkem Juckreiz, ist unbedingt der Tierarzt aufzusuchen, da nur eine sinnvolle Behandlung erfolgen kann, wenn die Ursache geklärt ist.

Nicht unbedingt als Erkrankung anzusehen sind hormonell bedingte Hautveränderungen. So kann es zum Beispiel bei Hündinnen zyklusbedingt an bestimmten Körperstellen, besonders im Bauchbereich, zu einem meist symmetrischen Haarausfall kommen. Ist die Läufigkeit vorbei und geht der Zyklus wieder in die Ruhephase über, verschwinden diese Symptome in der Regel. Solch ein Haarausfall kann allerdings auch durch Eierstockzysten oder -tumoren ausgelöst werden. Eine genaue Diagnose vom Tierarzt bietet hier Gewissheit.

Atopie

Die Atopie oder atopische Dermatitis ist eine sowohl bei Menschen (hier oft als Neurodermitis bezeichnet) als auch Hunden relativ häufig vorkommende Hauterkrankung, die durch Allergien ausgelöst wird. Sie tritt bei verschiedenen Hunderassen, wozu auch der Labrador Retriever gehört, gehäuft auf. Typisch für die Atopie ist ein starker Juckreiz, der beim Hund Kratzen, Benagen und Lecken auslöst, wodurch natürlich viele verschiedene Hautveränderungen verursacht werden. Die allergische Reaktion kann durch

Ein Haarausfall kann verschiedene Ursachen haben.

verschiedene Allergene ausgelöst werden: Hausstaub, Schimmelpilze, eingeatmete Gräser- und Blütenpollen, Schuppen, Haare anderer Tiere sowie Nahrungsmittel, um nur einige zu nennen.

Die Atopie tritt in der Regel erstmalig im Alter zwischen sechs Monaten und drei Jahren auf und begleitet den Hund meist sein ganzes Leben. Sie kann sowohl mit pharmazeutischen Präparaten als auch Naturheilmitteln, je nach Form und Schweregrad der Erkrankung, behandelt werden. In schweren Fällen kommt man aber meist um eine Kortisonbehandlung nicht umhin.

> **!**
>
> **Wichtig!**
> Durch einen Allergietest mithilfe einer Blutprobe lässt sich häufig feststellen, worauf der Hund allergisch reagiert, sodass der Hundehalter gegebenenfalls die Möglichkeit hat zu verhindern, dass sein Hund Kontakt mit den auslösenden Allergenen hat, wodurch die Symptome verschwinden.

Seborrhoe

Als Seborrhoe werden stark schuppende und haarlose Stellen als Folge von Hautentzündungen bezeichnet, die meistens auch mit einem Juckreiz verbunden sind. Hierbei unterscheidet man die trockene und die ölige Form. Beim Labrador Retriever kommt vor allem die trockene Form vor, die an einer trockenen Haut mit Schuppenbildung zu erkennen ist, die nicht immer in Verbindung mit einem Juckreiz stehen muss.

Die Ursache hierfür ist nur selten genau feststellbar. Eine ausreichende Versorgung mit den Vitaminen A und E sowie jeden Tag ein Schuss Olivenöl oder ein anderes Öl mit hohem Anteil ungesättigter Fettsäuren ins Futter gegeben können solchen Hautveränderungen vorbeugen. Auch das regelmäßige Baden mit speziellen medizinischen Shampoos kann zur Linderung oder zum Abklingen führen.

Scheinträchtigkeit

Bei einer Scheinträchtigkeit handelt es sich um körperliche und Verhaltensveränderungen der Hündin etwa vier bis neun Wochen nach einer Läufigkeit. Der Körper steht dann unter demselben Einfluss bestimmter Hormone, als wäre die Hündin gedeckt worden und würde bald Welpen bekommen. Die Scheinträchtigkeit ist keine Erkrankung, sondern ein normaler Vorgang, der bei jeder Hündin auftritt, aber unterschiedlich ausgeprägt sein kann. Man unterscheidet eine offene von einer verdeckten Form, die kaum bemerkt wird.

Ursprünglicher Sinn einer Scheinträchtigkeit war früher das Übernehmen einer Ammenfunktion von den nicht tragenden Hündinnen in einem Rudel. Sie sollten die Welpen der Leithündin auch mit Milch versorgen. Daher gehören das Anschwellen der Zitzen und das Einschießen der Milch zu den körperlichen Veränderungen.

Oft ist die Hündin bewegungsunlustig, mag nicht gern hinausgehen und trägt Spielsachen als Welpenersatz herum und verteidigt sie. Das Körbchen wird als Nest hergerichtet und nur noch ungern verlassen. Im Extremfall kann die Verhaltensänderung bis zu Aggression oder Teilnahmslosigkeit führen.

Sollte Ihre Labi-Hündin scheinträchtig sein, sollten Sie auf keinen Fall diese Mutterrolle bestärken. Lenken Sie dagegen Ihre Hündin ab, unternehmen Sie draußen viel mit ihr, sorgen Sie für eine sinnvolle Beschäftigung und räumen Sie alle Spielsachen weg. Sollte das Gesäuge gefüllt sein, massieren Sie es auf keinen Fall aus, da hierdurch die Milchproduktion noch verstärkt wird. Versuchen Sie, die Hündin vom eigenen Belecken abzuhalten. Nur wenn das Gesäuge extrem geschwollen ist, sollte eine medikamentöse Behandlung erfolgen. Präparate, die den Hormonen entgegenwirken, lassen schnell wieder eine Normalisierung auftreten. Sollte allerdings nach jeder Läufigkeit eine sehr starke Veränderung in Form eine Scheinträchtigkeit auftreten, ist eine Kastration der Hündin in Erwägung zu ziehen.

Kastration – ja oder nein

Grundsätzlich gibt es keine Empfehlung, ob ein Hund kastriert werden soll oder nicht. Ist eine Kastration aus medizinischen Gründen erforderlich (zum Beispiel wenn die Hündin eine Gebärmutterentzündung hat oder der Rüde an Hodenkrebs leidet), ist sie auf alle Fälle zu befürworten. Häufig wird aber auch bei gesunden Hunden darüber nachgedacht, ob eine Kastration sinnvoll ist. An dieser Stelle sei aber gleich darauf hingewiesen, dass Wesensveränderungen durch eine Kastration nur Verhaltensweisen bereffen, die hormonell beeinflusst werden, wie der Sexualtrieb und bestimmte Bereiche des Sozialverhaltens gegenüber Artgenossen, besonders vom anderen Geschlecht. Kastrierte Rüden werden von anderen Rüden als „neutral" empfunden oder oft gar nicht mehr beachtet. Hündinnen zeigen das ganze Jahr über keine Stimmungs- und Verhaltensveränderungen, wie es im normalen Zyklus zwischen und während der Läufigkeiten der Fall ist. Auch die Scheinträchtigkeit, die mit enormen Wesensveränderungen einhergeht, fällt weg.

Grundsätzlich ist aber eine zuverlässige Verhaltensveränderung in anderen Bereichen (zum Beispiel Dominanzprobleme, Ängste, Jagdtrieb

Die Kastration eines Labis – ob Rüde oder Hündin – sollte wohlüberlegt sein und nicht ohne triftigen Grund erfolgen.

usw.) durch eine Kastration nicht möglich, da hierbei individuelle Unterschiede auftreten und zahlreiche Verhaltensprobleme nicht durch Hormone beeinflusst werden. Daher sollten solche Verhaltensprobleme auf keinen Fall eine Begründung für eine Kastration sein. Auch die Bequemlichkeit des Hundehalters oder seine Sorge um mögliche Verschmutzungen durch eine läufige Hündin darf kein Grund für diesen nicht unerheblichen operativen Eingriff sein. Im Folgenden wird kurz auf die gesundheitlichen Vor- und Nachteile einer Kastration eingegangen.

Erwiesenermaßen haben früh kastrierte Hündinnen eine um etwa ein Jahr höhere Lebenserwartung als unkastrierte, da viele der im Alter typischen Entzündungen und Tumoren nicht auftreten. Wird eine Hündin vor der ersten Läufigkeit kastriert, sinkt das Risiko von Gesäugetumoren auf nahezu null. Erfolgt der Eingriff nach der ersten Läufigkeit, kommen Gesäugetumoren auch nur sehr selten vor. Wird die Hündin später kastriert, geht dieser Vorteil verloren. Hündinnen, die vor ihrer ersten Läufigkeit kastriert werden, haben dagegen ein erhöhtes Risiko, an Vaginitis und Vulva-Dermatitis zu erkranken. Ebenso können kastrierte Hündinnen unter Inkontinenz (Harnträufeln) leiden. Diese Harninkontinenz kann unmittelbar nach der Kastration oder auch erst Jahre nach dem Eingriff auftreten und hängt auch vom Alter des Hundes ab.

Bei kastrierten Rüden können natürlich keine Hodentumoren auftreten. Auf die Erkrankung der Prostata hat eine Kastration aber keinen Einfluss, da hier die genetische Prädisposition eine entscheidende Rolle spielt. Kastrierte Rüden erkranken in höherem Alter häufiger als unkastrierte Rüden. Herztumoren und Hämangiosarkome (bösartiger Tumor, ausgehend von Blutgefäßen) der Milz scheinen bei kastrierten Hunden häufiger aufzutreten als bei unkastrierten. Auffällig ist auch das doppelt so häufige Auftreten von Osteosarkomen (Knochentumoren) sowohl bei kastrierten Rüden als auch bei kastrierten Hündinnen, wobei zusätzlich eine frühe Kastration (vor dem ersten Lebensjahr) das Risiko nochmals um das Drei- bis Vierfache steigert.

Durch eine frühe Kastration (vor der Pubertät) bei beiden Geschlechtern wird der Schluss der Wachstumsfugen verzögert und die Wachstumsphase verlängert. Dadurch kann es zu einem dysproportionierten Wachstum vor allem bei Rüden kommen.

Auch die Auswirkungen, die die Kastration auf den Stoffwechsel der Hunde hat, sollten hier kritisch betrachtet werden. Übergewicht und Diabetes mellitus treten am häufigsten bei kastrierten Tieren auf. Unter Diabetes mellitus leiden kastrierte Rüden häufiger als unkastrierte Rüden. Allerdings ist die Kastration ein Mittel zur Behandlung des Diabetes mellitus bei Hündinnen, weil bei der Kastration die Progesteronquelle (das Progesteron ist der Gegenspieler des Insulins) entfernt wird.

Bei Rüden ist der Eingriff einer Kastration unproblematisch. Seit einiger Zeit besteht beim Rüden die Möglichkeit der „chemischen Kastration auf Zeit". Durch ein Hormonimplantat, das durch den Tierarzt verabreicht wird, wird die Ausschüttung der Sexualhormone über einen längeren Zeitraum von mehreren Monaten zuverlässig unterbunden. Der Rüde zeigt dann über mehrere Monate genau diese Verhaltensänderungen, die auch bei einer echten Kastration eintreten würden. Dadurch lässt sich sehr gut beurteilen, welche Folgen der Eingriff einer Kastration langfristig haben würde. Bei einer Hündin war bisher dagegen ein relativ großer Bauchschnitt erforderlich und somit auch der Eingriff aufwendiger und länger. Mittlerweile können aber auch spezialisierte Tierärzte diese Operation minimalinvasiv vornehmen, das heißt, der Eingriff erfordert nur drei kleine Einschnitte am Bauch, wodurch das Tier weniger belastet wird und die Wundheilung wesentlich schneller erfolgt. Eine hormonelle Läufigkeitskontrolle bzw. Verhinde-

Bei Hündinnen sollte keine hormonelle Läufigkeitsunterdrückung erfolgen.

rung der Läufigkeit durch Hormongaben sollte bei Hündinnen in keinem Fall durchgeführt werden, da das Risiko von Nebenwirkungen wie das Auftreten einer Pyometra oder Gesäugetumoren viel zu hoch ist.

!

Kastration oder Sterilisation?

Leider gibt es immer noch viele Hundehalter, die glauben, Hündinnen würden sterilisiert und Rüden kastriert werden. Das ist Unsinn.
Eine Sterilisation bezeichnet die Durchtrennung der Samen- bzw. Eileiter. Das Sterilisieren verhindert zwar eine mögliche Fortpflanzung, aber die Hormonproduktion und der Zyklus laufen ganz normal ab. Somit würde eine sterilisierte Hündin wie vorher auch läufig werden und ein Rüde könnte den Paarungsakt noch durchführen. Eine Sterilisation beim Hund wird in der Regel nie durchgeführt.
Bei einer Kastration werden die Keimdrüsen vollständig entfernt, um eine Fortpflanzung zu verhindern und die Hormonproduktion einzustellen. Beim Rüden werden die beiden Hoden entfernt, bei der Hündin die beiden Eierstöcke und meistens auch die Gebärmutter. Ein Rüde kann dann den Deckvorgang nicht mehr durchführen. Eine Hündin wird nicht mehr läufig und scheinträchtig.

Der alte Labrador Retriever

Die Jahre vergehen und aus Ihrem einstigen Labi-Welpen ist im Zeitraum von acht bis zehn Jahren ein Senior geworden. Der Labrador Retriever zählt zwar zu den Hunderassen, die als relativ langlebig gelten, zehn bis zwölf Lebensjahre sind für ihn als normal anzusehen. Es gibt aber auch Labis, die durchaus das gesegnete Alter von fünfzehn Jahren erreichen.

Mit fortschreitendem Lebensalter fängt Ihr Labi an zu ergrauen. Man bemerkt zuerst unten am Kinn einzelne graue Haare, die mit der Zeit immer mehr werden. Allmählich ergrauen die Nase, das Gesicht und der Kopf. Es ist nicht mehr zu übersehen: Unser Labi wird alt.

Dieses Gesicht spricht für eine lange Lebenserfahrung: ein Labi-Senior.

Er ist nicht mehr so ungestüm wie in jungen Jahren, auch bewegt er sich nicht mehr ganz so schnell. Ein Dummy wird er, soweit er noch gesund ist, sicher immer noch gern apportieren, aber er wird die Sache etwas langsamer und gemütlicher angehen als früher. Aber dennoch hat er immer noch Spaß an der Arbeit und an den täglichen Spaziergängen. Mit der Zeit muss die Länge der Spaziergänge dem fortgeschrittenen Alter etwas angepasst werden, das heißt, man unternimmt besser mehrere kurze Spaziergänge. Das Dummy-Training wird auch dem Alter angepasst.

Mit dem Älterwerden kann es sein, dass die Sehkraft und das Gehör nachlassen.

Manchmal bereitet unserem alten Labi das Aufstehen von seinem Lager etwas Schwierigkeiten, weil sich eine altersbedingte Arthrose in den Knochen bemerkbar macht. Sein Schlafplatz sollte in keinem Fall hart sein, sondern aus einem weichen Kissen oder einer weichen Decke bestehen, damit sich an den Außenseiten seiner Ellenbogengelenke keine Liegeschwielen bilden können. Es ist ohnehin sehr schwierig, Liegeschwielen gänzlich zu vermeiden. Meistens liegen Hunde oft gern, gerade an heißen Tagen, auf dem kühlen Fliesen- oder Steinboden. Da die Außenseiten der Ellenbogengelenke kaum von Muskelgewebe umgeben sind, sondern nur von Haut und Fell, gibt es in diesen Bereichen besonders schnell Druckstellen, eben Liegeschwielen. Sollte dies bei Ihrem Hund, nicht nur beim älteren, sondern auch beim jüngeren, der Fall sein, müssen Sie darauf ach-

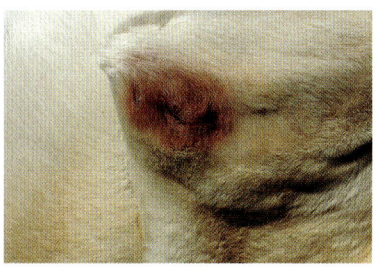

Liegeschwielen wir hier am Ellenbogen treten besonders bei älteren Hunden häufiger auf.

ten, dass die Haut an diesen Stellen nicht rissig und wund wird. Hilfreich kann hier das regelmäßige Eincremen mit Melkfett oder Calendula-Salbe sein.

Denken Sie auch daran, dass Ihr alter Labi möglicherweise öfter als sonst nach draußen muss, um sich zu lösen. Vielleicht kann er nicht mehr ganz so lange seinen Urin halten wie in jungen Jahren. So kann sogar das eine oder andere Missgeschick im Haus passieren, das aber sicherlich in keiner Weise von ihm gewollt ist.

Die Ernährung muss unbedingt seinem Alter und seiner Bewegung angepasst werden, das heißt, wenn sich Ihr Labi nicht mehr so viel bewegt, sollte die Futtermenge etwas reduziert werden. Sie sollten auf jeden Fall vermeiden, dass er übergewichtig und fettleibig wird. Fettleibigkeit verkürzt nicht nur beim Menschen das Leben, sondern auch bei unseren Vierbeinern. Achten Sie auch unbedingt darauf, dass er genug Flüssigkeit zu sich nimmt.

Beim alten Hund sollten regelmäßig die Zähne auf Zahnstein und das Zahnfleisch auf entzündliche Veränderungen kontrolliert werden. Suchen Sie seinen Körper, Haut und Fell nach Veränderungen ab, zum Beispiel tumorartige Veränderungen am Gesäuge der Hündin. Auch Hautveränderungen in Form von Geschwüren oder Ekzemen muss man besondere Beachtung schenken. Regelmäßiges Reinigen der Ohren gehört ebenso zur Pflege des Seniors wie die Kontrolle der Anal- und Genitalregion auf Ausfluss, der möglicherweise eitrig sein kann, oder das Untersuchen des Körpers auf Wucherungen und Warzen.

Bei einer alten, unkastrierten Hündin sollten Sie besonders auf das Trinkverhalten achten. Trinkt sie außergewöhnlich viel, besteht die Gefahr, dass sie an einer Gebärmuttervereiterung erkrankt ist. In diesem Fall muss sie umgehend dem Tierarzt vorgestellt werden.

Sie können also selbst eine ganze Menge dazu beitragen, dass Ihr alter Hund so lange wie möglich gesund und bis ins hohe Alter fit bleibt. Wichtig ist, dass Sie Ihren Senior regelmäßig – mindestens zweimal im Jahr – beim Tierarzt zur Vorsorgeuntersuchung vorstellen und eventuell bei Bedarf auch eine Blutuntersuchung vornehmen lassen. So können doch viele altersbedingte Erkrankungen erkannt und auch gezielt behandelt werden. Rechtzeitig erkannte und behandelte Krankheiten können Ihrem Labi durchaus noch einige schöne Jahre bescheren. Achten Sie in jedem Fall auf die Symptome beginnender Erkrankungen und Beschwerden und gehen Sie mit Ihrem Senior lieber einmal mehr zum Tierarzt.

Abschied nehmen

Leider können auch die sorgfältigste Pflege und tierärztliche Behandlungen nicht verhindern, dass Ihr geliebter Labi irgendwann am Ende seiner Lebenszeit angelangt ist. Wenn ihm eine schwere Erkrankung, die auch der beste Tierarzt nicht mehr heilen kann, oder Altersschwäche seine Lebensfreude und seine Lebensqualität nimmt und man mit nichts mehr sein Leben lebenswert verlängern kann, dann sollten Sie Ihren vierbeinigen Freund von seinen Leiden erlösen lassen. Ja, ich finde, es ist sogar Ihre Pflicht und Schuldigkeit, ihm nach so vielen gemeinsamen Jahren jedes weitere Leiden zu ersparen und ihm vom Tierarzt die erlösende Spritze (Euthanasie) geben zu lassen.

Sicher ist dieser Schritt, diese Entscheidung sehr schwer und es ist immer furchtbar und sehr schmerzlich, wenn man seinen geliebten Hund gehen lassen muss, ist er doch in den vielen gemeinsamen Jahren zu einem lieben Familienmitglied geworden. Aber dennoch, wenn die Zeit des Abschiednehmens gekommen ist, gibt es verschiedene Möglichkeiten, die einem die Situation zwar nicht leichter machen, aber vielleicht etwas erträglicher für Mensch und Tier. Die meisten Tierärzte kommen in diesem Fall auch zu Ihnen nach Hause, um Ihren Hund einzuschläfern. So kann Ihr Labi bis zum Schluss in seiner gewohnten Umgebung bleiben. Das ist besonders wichtig, wenn er vielleicht ohnehin nicht gern zum Tierarzt in die Praxis ging oder der eher etwas ängstliche Typ war. In jedem Fall sollten Sie, egal ob Sie den Tierarzt kommen lassen oder ob Sie ihn in der Praxis aufsuchen, in diesen letzten Minuten bei Ihrem geliebten Hund sein und ihn unter gar keinen Umständen allein lassen. Er wird in Ihren Armen liegend die erlösende Spritze vom Tierarzt erhalten und völlig schmerzfrei und ruhig einschlafen, bis am Ende sein Herz einfach aufhört zu schlagen.

Ein Neuanfang!

Leider dauert ein Hundeleben nicht so lang wie ein Menschenleben und jeder, der sich einen vierbeinigen Freund in sein Leben holt, wird früher oder später vor dieser schweren Entscheidung stehen. Aber wir Menschen haben die Möglichkeit, uns wieder mit einem – oder sogar mit mehreren – dieser wunderbaren Geschöpfe unser zu Leben bereichern. Das ist zwar in solch einer schweren Stunde des Abschieds mit Sicherheit kein Trost, aber vielleicht gibt es irgendwann einmal wieder einen Neuanfang – mit einem Labi-Welpen.

Anhang

Wichtige Adressen

Verband für das Deutsche Hundewesen e. V. (VDH)
Westfalendamm 174
44141 Dortmund
Telefon: +49 231 56500-0
E-Mail: info@vdh.de
Internet: www.vh.de

Österreichischer Kynologenverband (ÖKV)
Siegfried Marcus-Straße 7
A-2362 Biedermannsdorf
Telefon: +43 2236 710667
Telefax: +43 2236 710667-30
E-Mail: office@oekv.at
Internet: www.oekv.at

Schweizerische Kynologische Gesellschaft (SKG)
Brunnmattstrasse 24
CH-3007 Bern
Telefon: +41 31 3066262
Telefax: +41 31 3066260
E-Mail: info@skg.ch
Internet: www.skg.ch

Deutscher Retriever Club e. V. (DRC)
Dörnhagener Str. 13
34302 Guxhagen
Telefon: +49 5665 2774
Telefax: +49 5665 1718
E-Mail: Office@drc.de
Internet: www.drc.de

Labrador Club Deutschland e.V. (LCD)
Geschäftsstelle
Markenweg 2
48653 Coesfeld
Telefon: +49 2541 9260974
Telefax: +49 2541 9260975
E-Mail:
lcd-geschaeftsstelle@labrador.de
Internet: www.labrador.de

Österreichischer Retriever Club
Geschäftsstelle
Andrea Rameseder
Traunauweg 14
A-4030 Linz
Telefon: +43 699 14191900
E-Mail: office@retrieverclub.at
Internet: www.retrieverclub.at

Retriever Club Schweiz
Internet: www.retriever.ch
Sekretariat, Eos Rist
Wiesenweg 4
CH-5300 Turgi
E-Mail: sekretariat@retriever.ch

Tierernährung und Diätetik
Internet: www.futtermedicus.de
E-Mail: info@futtermedicus.de

Tierheilpraxis Tübingen
Anja Carmen Müller
Internet:
www.tierheilpraxis-tuebingen.de
E-Mail:
info@tierheilpraxis-tuebingen.de

Kontaktadresse der Autorin:
Monika Schwab
Alpenrosenstraße 10
71069 Sindelfingen
Internet:
www.labbis-perle-schwabenland.de
E-Mail: w.m.schwab@t-online.de

189

Literatur

Antonisse-Zijda, Tineke: **Die Drei Apporte.**

Bauer, Angeline und Prümmel, Renè: **Der gesunde Hund.** Oertel+Spörer, 2008.

Colditz, Gabriele: **Hund und Katze unter einem Dach.** Oertel+Spörer, 1995.

Hansen, Inge: **Vererbung beim Hund.** Müller-Rüschlikon, 2008.

Hartmann, Michael: **Patient Hund. Krankheiten erkennen, vorbeugen, behandeln.** Oertel+Spörer, 2010.

Heydeck, Dagmar: **Kastration und Gesundheit. Der Retriever.** Offizielles Organ des DRC, Ausgabe Juni 2010.

Kraft, Dr. Isabella: **Vererbung der Fellfarbe.** Herausgegeben vom Labrador Club Deutschland, 2005.

Lehari, Gabriele: **400 Hunderassen von A-Z.** Ulmer, 2009.

Lehari, Gabriele: **Hundeverhalten – wie Hunde wirklich sind.** Cadmos, 2007.

Lübbe, Perdita und Thurau, Ulrike: **Apportieren.** Kosmos 2007.

Ommerli, Verena: **Dummy-Arbeit mit Retrievern.** Müller Rüschlikon, 2007.

Prümmel, René: **Homöopathie für Hunde.** Oertel+Spörer, 2008.

Rauth-Widmann, Brigitte: **Die Sinne des Hundes.** Cadmos, 2005.

Rauth-Widmann, Brigitte: **1x1 der Rohfütterung – Hunde artgerecht ernähren mit BARF.** Kosmos, 2009.

Rauth-Widmann, Brigitte: **Labrador Retriever.** Kosmos 2000.

Reichenbach, Uta und Lehari, Gabriele: **Die Hundeschule – Hunde sinnvoll beschäftigen.** Müller-Rüschlikon, 2008.

Reichenbach, Uta und Lehari, Gabriele: **Der zuverlässige Begleithund. Von der Welpenerziehung bis zur Begleithundprüfung.** Oertel+Spörer, 2009.

Sinner, Tanja und Lehari, Gabriele: **Obedience. Gehorsam in Perfektion.** Oertel+Spörer, 2010.

Ting, Beate & Gereon: **Kleine Apportierfibel.** Romney's Verlag, 3. Auflage 2002.

Werner, Tina: **Wellness für Hunde. Massage und Physiotherapie für jeden Tag.** Oertel+Spörer, 2010.

Wiles-Fone, Heather: **Das Große Labrador Retriever Buch.** Kynos, 3. Auflage 2007.

Register